装备产业链研究

陈桂明　杜荔红　王　炜　高成强　著

国防工業出版社

·北京·

内 容 简 介

本书分析装备产业链的内涵、特性、形成机理与现实因素，提出装备产业链结构与演化过程、利益与风险/机遇传导机制；构建装备产业链结构模型，阐述装备产业链中价值链、企业链和技术链之间的关系，分析装备产业链的发展及动因，提出装备产业链优化、整合思路；界定装备产业链不确定性、可靠性概念，探究不确定性的影响因素和主要不利后果，构建装备产业链可靠性模型；建立装备产业链效能评估指标体系，提出装备产业链效能评估方法。

本书可作为军事装备学学科和后勤与装备保障领域人才培养、培训教材或参考资料，对于从事国防和军队装备建设相关理论研究、管理工作的人员具有理论指导作用和实践参考价值。

图书在版编目（CIP）数据

装备产业链研究 / 陈桂明等著. -- 北京：国防工业出版社，2024.10. -- ISBN 978-7-118-13462-9

Ⅰ. F426.4

中国国家版本馆 CIP 数据核字第 202445ED60 号

※

国防工業出版社出版发行

（北京市海淀区紫竹院南路 23 号　邮政编码 100048）

北京凌奇印刷有限责任公司印刷

新华书店经售

*

开本 787×1092　1/16　**印张** 10　**字数** 224 千字

2024 年 10 月第 1 版第 1 次印刷　**印数** 1—1500 册　**定价** 88.00 元

（本书如有印装错误，我社负责调换）

国防书店：(010)88540777　　书店传真：(010)88540776

发行业务：(010)88540717　　发行传真：(010)88540762

前言

本书选题来源于国家社会科学基金项目“武器装备产业链研究”,项目号:11GJ003-091。本书从我国国防科技工业和装备建设的实际出发,着眼国民经济特别是装备相关产业的未来发展,在强调装备产业链政治属性的前提下,重点研究其价值属性和结构模型,以及全寿命各阶段、各环节的衔接协调管理机制,目的是通过需求牵引、政策引导、能力驱动等方式,构建以装备研制生产企业为核心、以全社会资源为基础的军民深度融合装备产业链,最大程度地优化装备相关技术、市场资源配置,提高我国装备产业链的核心竞争力和综合实力,以及装备产业经济、军事、社会综合效益实现军方用户价值最大化。

(1)分析界定装备产业链的内涵、特性,研究提出装备产业链结构及演化过程。装备产业链是指在装备寿命周期各阶段、各环节交易活动中,从事装备产业经济活动的地方承制方(研究、试验、生产、保障、服务等组织的统称)及军方(后勤保障、装备管理、采购、合同监管、试验、储存、使用、保障、科研等组织的统称)之间由于分工、角色不同,围绕上、中、下游装备及其配套产品、服务而形成的经济、技术、管理关联体。装备产业链包含价值链、技术链、企业链、空间链、供应链、需求链和信息链等众多维度,在相互对接的均衡过程中形成多维一体的产业网络链路。装备产业链具有静态特性、系统特性、运动特性、动力特性、生态特性等基本特性。

(2)从理论角度详细分析装备产业链的形成机理与现实因素,研究装备产业链的利益传导机制和风险/机遇传导机制;从价值链、企业链、技术链角度构建装备产业链三维结构模型,阐述装备产业链结构中价值链、企业链和技术链之间的相互关系,分析装备产业链的发展及动因,提出装备产业链优化、整合思路。

(3)界定装备产业链不确定性概念,从需求、供应和环境三方面分析装备产业链的不确定性,探究装备产业链不确定性的影响因素和导致的主要不利后果。

(4)分析装备产业链协同结构、类型和机制,从信息协同、资源协同、协同风险、协同平台等方面研究装备产业链协同管理有关问题。

(5)界定装备产业链可靠性概念,构建装备产业链可靠性模型;研究基于不确定性与可靠性的装备产业链成员管理方法,从可靠性分配、结构模块化管理、物流子系统管理三方面分析装备产业链可靠性管理;提出基于GO分析法的装备产业链可靠性分析方法。

(6)从装备质量、军事效益和装备产业链经济效益角度建立装备产业链效能评估指标体系,提出运用模糊综合评估法全面评估装备产业链的效能,为装备产业链不断发展提供理论和技术方法。

本书研究成果为不断完善与优化我国装备产业链，推动装备产业竞争主体培育与快速发展，促进装备产业技术创新、配套能力提升和资源优化配置，提高装备建设质量、综合效益，加快国防工业和装备发展战略目标的实现，提供了理论指导与方法支撑，具有重要的实践参考价值和综合社会效益。

作者

2024年9月

目　录

第1章　绪论

1.1　研究目的和意义

装备是武器装备的简称,又称军事装备。装备产业链(equipment industry chain)是指在装备寿命周期各阶段、各环节交易活动中,从事装备产业经济活动的承研承制方(研究机构、试验机构、生产单位、保障单位、服务单位等组织)及军方(装备管理部门、装备采购部门、装备合同监管机构、试验部队、使用部队、保障部队、科研院所等组织)之间由于分工、角色不同,围绕上、中、下游装备及其配套产品而形成的经济、技术、管理关联体。本书给出的装备产业链是一个相对宏观的概念,是从经济学、管理学等角度综合给出的定义,主要用于对那些具有特殊联系和需求的武器装备相关组织群构造进行分析研究。装备产业链包括价值链、技术链、企业链、空间链、供应链、需求链、管理链和信息链等多个维度,各维度之间既相互联系,又相互影响、相互作用,形成复杂的、多维一体的产业网络链路。

我国装备研发制造产业所需的原材料、电子产品和附件等上游产品,已基本市场化;而装备系统、主机等下游产品,大部分仍由国防科技工业集团垄断。从严格意义上来说,这种垄断不是在自由市场条件下,各组织相互竞争所形成的自然垄断,而是典型的行政垄断或国家垄断模式。装备研制生产及相关工业资源配置都是通过国家控制的装备交易市场实现的,因此,装备市场是一种非完全竞争的不完善市场。而装备研制生产普遍存在拖进度、降质量、涨价格的现象,也严重制约了我国国防工业的发展,以及军队装备建设质量和效益的提高。

在社会主义市场经济条件下,提高国防工业发展水平和整体效益的重要手段是实现资源配置方式从以计划为主向以市场为主转变,装备市场管理模式以行政命令为主向以市场经济工具和法律手段为主转变。

本书探索装备产业链形成机理、传导机制与特点,可以为我国装备产业竞争主体培育和快速发展提供理论依据;研究构建装备产业链结构模型,可以加快我国国防工业和武器装备发展战略目标的实现;研究装备产业链不确定性、协同机制、可靠性和效能评估等问题,可以促进我国装备产业技术创新、配套能力提升和资源优化配置。因此,立足我国国防工业和装备建设现实基础和未来发展需求,以国防科技工业体制改革和军队装备采购制度改革为契机,深入研究装备产业链发展模式,通过产业链的发展带动和促进装备产业竞争主体的快速成长与发展,不断完善装备市场竞争机制与环境,对于实现国家、国防工业发展战略和装备建设目标具有十分重要的理论意义和实践指导作用。

1.2 国内外相关研究现状

1.2.1 国内研究现状

目前,我军对装备产业链问题的研究成果还比较少,从军方价值、军事效益角度进行装备产业链研究仍是空白。

在军外,由于改革开放促进了国内经济理论研究的大发展。1985年,姚齐源等在"有计划商品经济实现模式——区域市场"一文中提出将产业链规划作为实现区域经济发展目标的战略重点。真正关注并广泛研究产业链是在20世纪90年代之后。1991—1993年,傅国华在海南热带农业相关课题研究中也提到产业链。随后,国内学术论文、新闻报道、文件中开始频繁出现"产业链"一词,并开展了产业链相关的实践活动。

2001年,昆明理工大学硕士研究生秦开大以产业链有关问题作为学位论文的研究内容。2003年,中国共产党十六届三中全会提出"……积极推进农业产业化经营,形成科研、生产、加工、销售一体化的产业链",促进了国内产业链问题研究,相关学术论文发表数量逐年持续增加。2004年,四川大学博士生龚勤林以"区域产业链研究"为题开展了区域产业链问题研究。2005年后,随着经济的发展,国内关于产业链研究的论文、著作超过万篇,其中硕士、博士学位论文数量大幅增加。

为了全面了解、充分掌握国内相关的学术研究情况,通过中国知网(CNKI)中的中国学术期刊网络出版总库、中国重要会议论文全文数据库、中国重要报纸全文数据库、中国优秀硕士学位论文全文数据库、中国博士学位论文全文数据库和中国台湾CEPS与CETD两大数据库,分别对产业链相关中文期刊论文和博士、硕士学位论文进行了文献检索,检索到的产业链相关文献结果如表1-1所示。

表1-1 国内产业链相关文献检索一览表

检索引擎	检索路径		检索词			
			产业链	区域产业链	旅游产业链	区域旅游
CNKI	篇名	文献总数	68548	114	494	7334
		博士论文数	206	3	0	52
		硕士论文数	2047	3	26	720
	关键词	文献总数	138733	2287	3349	18440
		博士论文数	407	20	3	96
		硕士论文数	7004	294	346	4911
	主题词	文献总数	334275	1948	1835	17913
		博士论文数	3572	20	0	305
		硕士论文数	27468	68	112	3529
CEPS	篇名	文献总数	3247	162	7	0
		大陆论文	3200	160	64	0
		台湾地区论文	47	2	10	0

（续）

检索引擎	检索路径		检索词			
			产业链	区域产业链	旅游产业链	区域旅游
CETD	篇名	论文总数	3218	108	32	0
		大陆硕士论文数	2316	82	0	0
		大陆博士论文数	210	11	0	0
		台湾地区硕士论文数	692	15	28	0
		台湾地区博士论文数	0	0	4	0

注：1. 中国知网（CNKI）：http//www.cnki.net/；

2. 中国台湾中文电子期刊服务：（Chinese Electronic Periodical Services，CEPS）：http://www.ceps.com.tw；

3. 中国台湾中文电子学位论文服务：（Chinese Electronic Theses & Dissertations Service，CETD）http://www.cetd.com.tw

由表 1–1 可见，检索至 2023 年 12 月 31 日相关文献，篇名含“产业链”的大陆公开发表的文章达到 68548 篇，博士学位论文 206 篇，硕士学位论文 2047 篇。2002 年，范成伟在中国台湾期刊《科技博物》上发表了一篇关于价值链研究的文章“消失的产业——从高雄拆船业看博物馆的技术典藏”。2005 年后，中国台湾学者在期刊上发表相关论文 24 篇，涉及产业链相关研究的硕士、博士学位论文达到 293 篇。2008 年，博士论文《从交易成本探讨台湾汽车产业之垂直整合与外包采购策略分析》，只提及“产业链”，未就产业链问题进行深入研究。台湾地区产业链相关研究主要集中在“供应链”“价值链”“产品链”和“物流链”等方面。大陆在产业链问题的研究方面总体上明显领先于台湾地区。无论是以“篇名”还是以“关键词”“主题词”为检索路径，中文学术文献数量都相对比较多。

通过分析检索到的文献资料，国内鲜见有装备产业链相关研究文献。产业链研究总体上有以下几个方面特点。

第一，应用研究多于理论研究，且各产业领域研究不平衡。从理论与实践的关系看，实践通常先于理论。一方面，我国产业链相关领域边实践探索边提炼总结，为产业链理论研究提供了贴近实际的宝贵的第一手数据资料和实践经验；另一方面，近些年我国社会经济迅猛发展带来的产业结构更新的现实需要，使得对于有关产业存在的现实问题研究与解决显得尤为必要和迫切。总之，产业链在应用研究与理论研究两条路径上的发展并不均衡，应用研究多于理论研究。

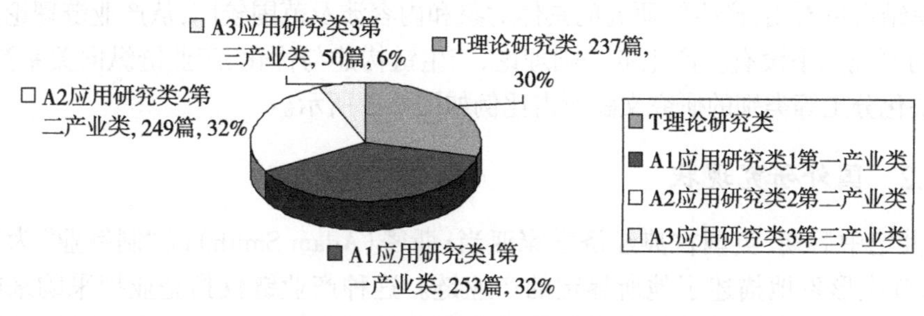

图 1–1　产业链研究类型分布示意

近十年来，我国通过积极调整产业结构、壮大产业链等措施应对全球金融危机、确保国内经济增长，国内对产业链问题开展了广泛的实践探索和理论研究。2018—2023年，以产业链相关问题为研究主题的博士学位论文达到789篇。其中，理论研究类学位论文共237篇，约占30%，占总数不到1/3；应用研究类学位论文共552篇，约占70%。其中，应用研究涉及农业（第一产业）的学位论文253篇，约占32%；涉及工业（第二产业）的学位论文249篇，约占32%；涉及电子通信与广播电视等（第三产业）的学位论文503篇，约占6%，如图1-1所示。从超出总数2/3的应用研究类学位论文看，农业领域相关研究最多，工业领域的研究次之，而服务业领域相关研究相对较少，这与我国各产业的发展状况是相符的。可见，我国产业链的相关研究还处于初级阶段，有待进一步深入、系统开展理论研究，应用研究的领域有待细化、深度有待深化、广度有待拓展，尤其是服务业以及多产业融合领域的产业链研究亟待加强。

第二，注重产业链微观层次研究，宏观研究相对缺乏。从产业链、区域产业链、旅游产业链和区域旅游产业链四个研究内容的检索情况看，主要还是在微观层面研究产业链、旅游产业链具体问题，区域产业链和区域旅游产业链的相关研究几乎没有。相关研究文献对比如图1-2所示。

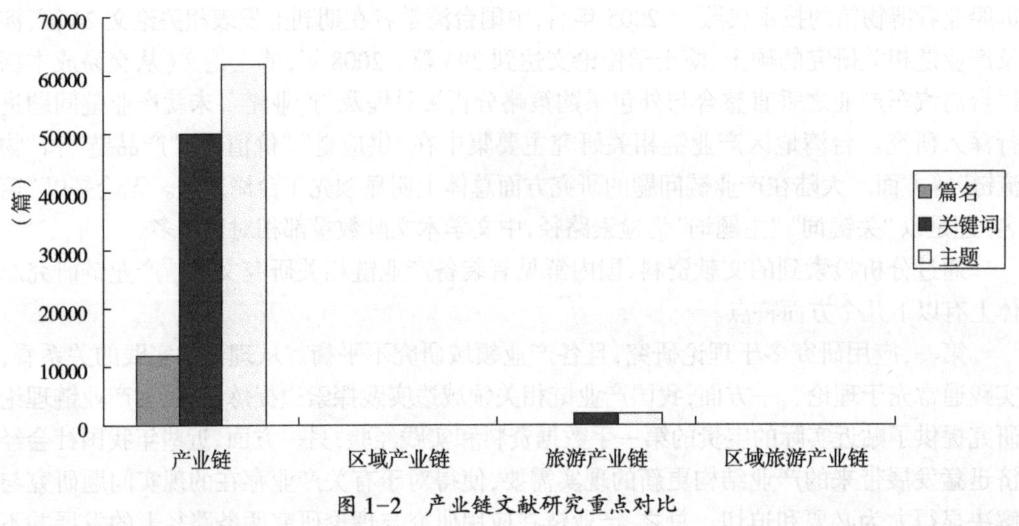

图1-2　产业链文献研究重点对比

第三，研究对象和内容较为分散，产业链理论体系还未形成。通过产业链相关研究文献分析总结可以看出，产生链研究的具体对象和内容涉及范围较广，从产业链理论体系角度开展的研究几乎没有。产生链基础理论、产生链构建与优化、产业链纵向关系治理、产业链模块化分工等类别的研究文献所占比例如图1-3所示。

1.2.2　国外研究现状

18世纪中后期，英国古典经济学家亚当·斯密（Adam Smith）以“制针业”为例研究分工时，首次形象地描述了他所界定的产业链。这种产业链仅指企业把采购来的外部资源通过生产、销售等活动传递给销售商和用户的过程。这一时期产业链相关研究对象主要是企业内部的经营活动，重点研究企业内部资源的利用问题。1890年，马歇尔

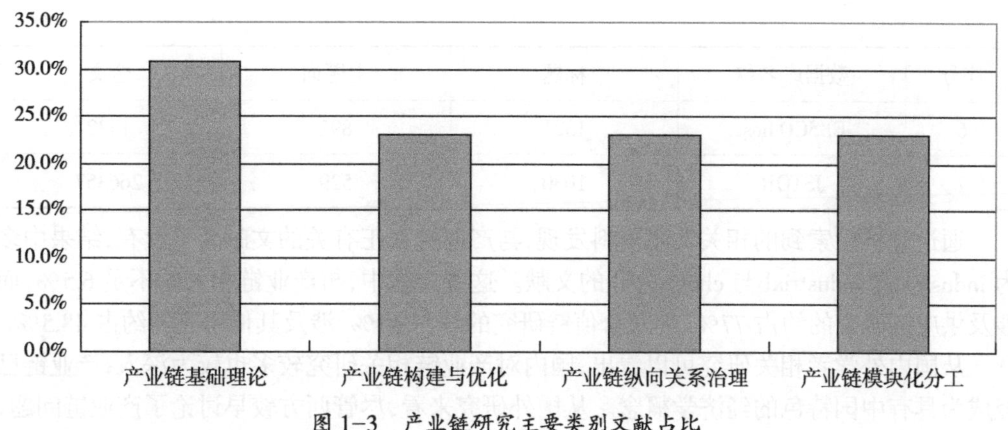

图 1–3 产业链研究主要类别文献占比

(Alfred Marshall)把分工研究拓展到企业之间,强调企业间分工与协作的重要性,其著作《经济学原理》(*Principles of Economics*)成为产业链研究起源的标志①。1958 年,赫希曼(Albert Otto Hirschman)从产业前后联系的角度分析研究了产业链概念②。其著作《经济发展战略》(*The Strategy of Economic Development*)从宏观角度讨论了劳动分工和专业化对经济发展的作用。此后,国外研究人员从多个角度界定了产业链的概念,分析了产业链的部分功能,主要从微观角度针对性地研究与产业相关的价值链、供应链、生产链、信息链等单一链条。对价值链等微观的研究越来越多,对产业链整体研究则相对较少。

在澳大利亚数字论文计划(Australasian Digital Theses Program, ADT)、商业信息文摘(Abstracts of Business Information, ABI)、加拿大图书档案馆(Library and Archives Canada, LAC)、博硕论文网络数字图书馆(The Networked Digital Library of Theses and Dissertations, NDLTD)、马里兰大学(University of Maryland, UM), EBSCO host(包含 BSC、BSP、ASC、ASP)、期刊存储(JSTOR, Journal Storage)7 大国外电子全文数据库中,用 industry chain 或 industrial chain 关键词分别按"标题""主题词"和"全文"路径检索到 2023 年 12 月 31 日,得到有关文献数量见表 1–2 所示。

表 1–2 国外产业链相关文献检索数量一览表

(检索截止日:2023 年 12 月 31 日)

序号	数据库名称	标题	主题词	全文
1	ADT	23	1	30
2	ABI	12	0	138
3	NDLTD	13	3	15372
4	LAC	184	113	1321
5	UM	3321	23	4332

① Marshall A. Principles of Economics [M]. London: Macmillan, 1920. (1890 First Edition).

② Hirschman A O. The Strategy of Economic Development [M]. New Haven, Connecticut: Yale University Press, 1958.

（续）

序号	数据库名称	标题	主题词	全文
6	EBSCO host	1321	891	1432
7	JSTOR	1030	529	266357

通过分析检索到的相关文献资料发现，与产业链真正有关的文献几乎没有，结果中多为 industry 或 industrial 与 chain 分开的文献。这些文献中，与产业链相关的不足 6.5%，而涉及供应链研究的约占 77%，涉及价值链研究的约占 44%，涉及其他研究的约占 48.5%。

从国内外学者相关研究可以看出，国内对产业链相关研究较多也较为深入，产业链已经成为具有中国特色的经济学概念。从国外研究来看，尽管西方较早讨论了产业链问题，但其与当今的产业链概念有着较大区别。新世纪以来，国外学者对产业链研究还相对较少。国内对产业链研究虽然相对较多，但理论体系还不够完善，研究方法不够精细，研究内容也不够深入、系统。

综上所述，国内外对产业链的研究仍然处于起步阶段，产业链基本理论体系还不完整、方法体系还不完善。装备产业链研究、多产业融合产业链研究几乎是空白。一是相关研究文献较少，相关理论体系没有完全形成；二是多从静态角度、均衡观点来研究产业链的具体问题，缺乏从动态和发展的角度研究解决产业链深层次矛盾问题；三是相关研究深度、广度和内容还不足以支撑完整的产业链理论与方法体系。例如，装备产业链的特殊性并未得到足够的重视，对于装备产业链的概念、形成机理、发展动力、运行机制等基本问题还未开展必要的研究，学术界离达成共识还有较大差距。

本书针对我国国防工业发展和装备建设特殊需求，开展装备产业链相关理论研究，探讨装备产业链构建、管理方法与发展途径，旨在促进我国国防工业和装备市场的健康发展，为高效配置装备市场资源、理顺装备市场运行机制，提高装备建设整体质量效益，提供理论依据和方法支撑。

1.3 研究内容、方法和技术路线

1.3.1 研究内容

本书主要研究内容总体上可概括为两个大的方面：一是装备产业链理论与运行机制研究；二是装备产业链的政策环境、组织环境与运行管理研究。

具体研究内容包括：

（1）从装备产业链的概念与内涵的界定出发，在分析装备产业链形成动因与传导机制基础上研究其宏观结构模型。

（2）通过相关数据分析，研究装备产业链微观结构及基本管理模式；根据装备产业链结构模型和管理模式，研究装备产业链政策环境条件与组织环境条件，提出装备产业链发展模式。

（3）界定装备产业链不确定性概念，从需求、供应和环境三方面研究装备产业链的不确定性，分析装备产业链不确定性的影响因素和导致的不利后果。

(4)分析装备产业链协同结构、类型与机制，从信息协同、资源协同、协同风险、协同平台等方面研究装备产业链协同管理问题。

(5)构建装备产业链可靠性模型，从筹措环节和供应环节研究装备产业链可靠性管理问题；界定装备产业链可靠性概念，构建装备产业链可靠性模型；研究基于不确定性与可靠性的装备产业链成员管理方法，从可靠性分配、结构模块化管理、物流子系统管理三方面分析装备产业链可靠性管理；提出基于 GO 分析法的装备产业链可靠性分析方法。

(6)从装备质量、军事效益和装备产业链经济效益角度建立装备产业链效能评估指标体系，提出装备产业链的效能评估方法。

1.3.2　研究方法

本书理论研究与实证研究相结合，主要采用数量研究、模型研究等方法。

(1)理论研究。依据相关学科领域的理论与方法，研究装备产业链的概念及结构模型，分析装备产业链的内涵、基本特征，研究装备产业链实现的政策环境、组织环境。

(2)实证研究。总结分析装备产业链相关实践经验和数据，利用管理和数据分析软件工具，根据调研、记录、分析与企业集群相关现象与数据，研究确定装备产业链形成条件与产业垄断现象之间的关系。

(3)定量研究。通过对装备研制、生产、保障等产业链成员的规模、效益、范围以及可靠性等定量分析研究，认识和揭示装备产业链相关的价值链、企业链、技术链、供应链、需求链、空间链的相互关系及变化规律和发展趋势，合理解释装备产业链现象，为有效管理装备产业链提供依据。

(4)模型研究。依照装备产业链的主要特征，构建装备产业链宏观结构模型、微观结构模型以及可靠性模型，通过模型进行装备产业链相应的管理技术方法和政策环境与组织环境研究。

1.3.3　研究基本思路及技术路线

装备产业链高效运行和持续发展，是其在国防和社会经济发展中发挥应有作用的前提。装备产业链断裂或运行不顺畅，将直接影响装备产业链的生存、发展及作用的发挥。尽管产业链相关研究文献不少，但装备产业链相关研究仍然是空白。因此，本书将紧密结合我国国防与装备建设实践经验和实际状况，借鉴其他领域产业链、产业联盟及价值链、供应链等相关研究成果，构建装备产业链基本理论框架，并力求在装备产业链基本理论研究方面有所建树。本书从装备产业链内涵、特征、结构着手研究，这些内容是装备产业链理论研究的基础，只有清晰界定有关概念、奠定坚实的理论基础，才能深入研究装备产业链形成机理、结构模型、运行机制、管理方法；通过装备产业链形成机理研究，从不同视角深入分析产业链的形成动因、形成过程；在产业链形成机理研究的基础上，分析装备产业链的功能效应、经济效益，研究装备新产业链组建、已有产业链完善升级以及产业链有效运行等问题；最后，为不断优化发展装备产业链，从军方价值、军事效益需求出发，研究装备产业链效能评估方法。

本书具体研究技术路线如图 1–4 所示，包括：以背景研究、文献研究、调研与现状分析三方面研究工作为基础，确定全书研究构架及主要内容；界定装备产业链相关概念，分析装备产业链基本特性与结构及其演化过程;分析装备产业链形成机理和利益与风险传导机制;构建装备产业链模型,通过分析装备产业链的发展动因,提出装备产业链整合优化措施;研究装备产业链不确定性及其影响因素和不利后果;研究装备产业链协同机制与管理;研究装备产业链可靠性与管理;研究提出装备产业链效能评估方法。

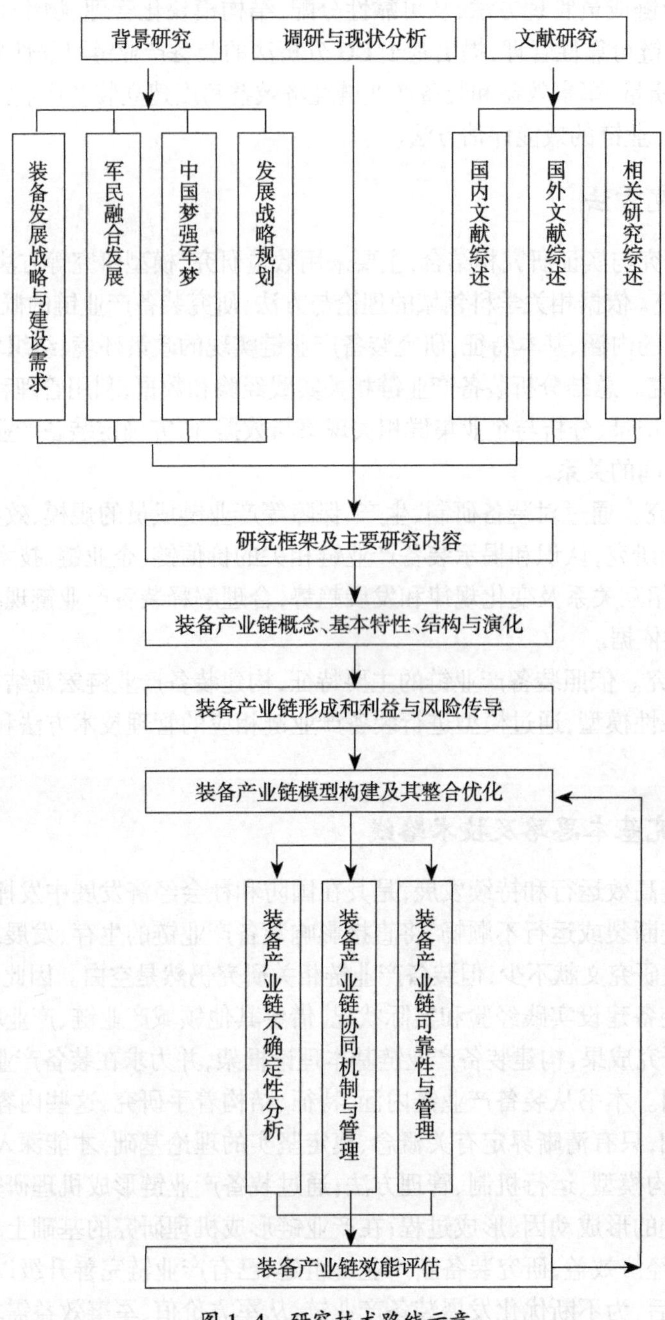

图 1-4 研究技术路线示意

第2章　装备产业链概念与结构

以信息技术为代表的现代科学技术飞速发展，带动了人类社会和经济全方位快速发展，社会各领域信息交流空前频繁，社会分工空前细化、深化，产业链作为组织生产的一种特殊形式越来越多地出现在社会生产、服务和生活的各个领域，已经得到广泛重视。但是由于装备产业链的特殊性、复杂性、动态性、多维性和多极性，装备产业链的概念仍然处于较为模糊的状态，学术界在对各领域产业链及相关功能进行研究的过程中，还没有形成统一的基本概念体系。而现有的其他产业链相关研究大多是从产业集群及其价值链、供应链、生产链维度开展。对产业链的形成机制、演化规律、概念体系、结构模式等，仍然众说纷纭。因此，深入分析研究产业链相关理论，必须清晰界定产业链及装备产业链的概念，分析装备产业链主要特征、基本结构模型及其演化。

2.1　产业链与装备产业链概念

产业链与装备产业链各有其独特内涵和外延，深入研究相关概念，准确表述其基本内涵，是认识装备产业链并对之开展结构模型分析和发展规律研究的基础和前提条件。

2.1.1　产业链有关定义

国内外学术界对产业链概念的定义有多种，通过文献研究，可以大致归纳为五类：技术经济关联类、战略联盟关系类、价值增值类、供需关系类和综合类。

1. 技术经济关联类定义

龚勤林提出：产业链是各个产业部门之间基于一定的技术经济关联，并依据特定的逻辑关系和时空布局关系客观形成的链条式关联形态[①]。周新生提出：产业链是指某一产业在生产产品和提供服务过程中按内在的技术经济关联要求，将有关产品的经济活动、经济过程、生产阶段或经济业务按次序联结起来的链式结构[②]。赵绪福提出：产业链是指在从初始资源直到最终消费的路径上，由若干相关产业部门基于经济活动内在的技术经济联系，客观形成的前后顺序关联的、有序的经济活动的集合[③]。

2. 战略联盟关系类定义

蒋国俊等认为，产业链是指在一定的产业集聚区内，由在某个产业中具有较强国际竞争力(或国际竞争潜力)的企业，与其相关产业中的企业结成的一种战略联盟关系链[④]。李

---

① 龚勤林. 论产业链构建与城乡统筹发展[J]. 经济学家，2004，3：121-123.

② 周新生. 产业链与产业链打造[J]. 广东社会科学，2006，4：30-36.

③ 赵绪福. 产业链视角下中国农业纺织原料发展研究[M]. 武汉：武汉大学出版社，2006：40-42.

④ 蒋国俊，蒋明新. 产业链理论及其稳定机制研究[J]. 重庆大学学报(社会科学版)，2004，10(1)：36-38.

心芹等提出，产业链是在一定的地理区域内，以某一个产业中具有竞争力或竞争潜力的企业为链核，与相关产业的企业以产品、技术、资本等为纽带结成的一种具有价值增值功能的战略关系链[①]。刘贵富等提出，产业链是在一定地域范围内，同一产业部门或不同产业部门某一行业中具有竞争力的企业及相关企业，以产品为纽带按照一定的逻辑关系和时空关系，联结而成的具有价值增值功能的链网式企业战略联盟[②]。

3. 价值增值类定义

李万立认为，产业链也叫价值链，是指围绕一个关键的最终产品，从形成到最终消费所涉及的各个不同产业部门之间的动态关系[③]。卜庆军等提出，产业链是由某一主导企业倡导的通过某种契约达成的能满足最终顾客需求的相互有机融合的企业共生体，它是由供应商价值链、企业价值链、渠道价值链和买方价值链构成的企业共生价值系统[④]。芮明杰等提出，产业链表达的是厂商内部和厂商之间为生产最终交易的产品或服务所经历的增加价值的活动过程[⑤]。汪先永等提出，产业链是某种商品或服务在生产过程中，能增加价值的一系列相互作用、彼此联系的基本活动的集合[⑥]。张铁男等认为，所谓产业链，是以生产相同或相近产品的企业集合所在产业为单位形成的价值链[⑦]。邹昭烯认为，进行企业价值链分析时，要把企业放到产业价值系统中一起考虑，而产业价值系统一般被简称为产业链[⑧]。

4. 供需关系类定义

周路明提出，产业链是建立在产业内部分工和供需关系基础上的一种产业生态图谱，分垂直的供需链和横向的协作链[⑨]。贺轩等提出，产业链是建立在产业内部分工和供需关系基础上从最初始的原材料生产和销售到中间产品生产和销售，再到最终产品生产和销售全过程中各个环节所形成的一种企业群体的关联图谱[⑩]。Damien Power 提出，产业链生产模式的出现使企业摆脱了彼此之间的一种竞争状态，与别的企业建立了伙伴关系[⑪]。

5. 综合类定义

吴金明等认为，产业链是基于产业上游到下游各相关环节的由供需链、企业链、空间链和价值链四个维度有机结合而形成的链条[⑫]。刘刚提出，产业链是建立在迈克尔·尤

① 李心芹，李仕明，兰永. 产业链结构类型研究[J]. 电子科技大学学报（社科版），2004，6(4)：60-63.

② 刘贵富，赵英才. 产业链：内涵、特性及其表现形式[J]. 财经理论与实践，2006，3(27)：114-117.

③ 李万立. 旅游产业链与中国旅游业竞争力[J]. 经济师，2005，3：123-124.

④ 卜庆军，古赞歌，孙春晓. 基于企业核心竞争力的产业链整合模式研究[J]. 企业经济，2006，2：59-61.

⑤ 芮明杰，刘明宇. 产业链整合理论述评[J]. 产业经济研究，2006，4：30-36.

⑥ 汪先永，刘冬，贺灿飞，等. 北京产业链与产业结构调整研究[J]. 北京工商大学学报（社会科学版），2006，3(21)：16-21.

⑦ 张铁男，罗晓梅. 产业链分析及其战略环节的确定研究[J]. 工业技术经济，2005，24(6)：77-78.

⑧ 邹昭烯. 论企业资源与能力分析的三个纵向链条：价值链、供应链与产业链[J]. 首都经济贸易大学学报，2006，9：78-79.

⑨ 周路明. 关注高科技"产业链"[J]. 深圳特区科技，2010，11：10-11.

⑩ 贺轩，员智凯. 高新技术产业价值链及其评价指标[J]. 西安邮电学院学报，2006，3(11)：83-86.

⑪ Power D. Supply chain management integration and implementation: A literature review [R]. The University of Melboume, Melboume, Australia. 1985: 112-116.

⑫ 吴金明，张磐，赵曾琪. 产业链、产业配套半径与企业自生能力[J]. 中国工业经济，2005，2：36-38.

金·波特(Michael Eugene Porter)价值链基础上的、由不同产业的企业所构成的一种空间组织形式,是相互独立的企业之间的连接[①]。陈朝隆认为,产业链是指以分工协作为基础、以产业联系为纽带、以企业为主体的链网状产业组织系统[②]。杨宇昕认为,在宏观层面,产业链是不同区域相关产业环节构成的有机整体;在中观层面,产业链是包括了不同行业企业的连续追加价值活动的总体;在微观层面,产业链是若干企业价值活动的总和[③]。卢明华等提出,产业链是具有某种内在联系的产业集合,这种产业集合是由围绕服务于某种特定需求或进行特定产品生产所涉及的一系列互为基础、相互依存的产业所构成[④]。

对其他学者的有关定义和论述,此处不再赘述。

综上所述,学者们从不同的角度研究和界定了产业链的概念和基本内涵,反映了不同时期和不同产业领域人们对产业链及其应用的认识。同时也充分说明,不同领域产业链的构建必须符合产业特质和需求。上述观点对于装备产业链的概念研究和模型构建具有一定的参考价值。

2.1.2　产业链概念四维界定

产业链四维界定主要是指从价值链、供需链、企业链、空间链四个维度来研究产业链概念。

1. 价值链

价值链(value chain)由迈克尔·尤金·波特在其著作《竞争优势》(*Competitive Advantage*)中提出。企业要发展独特的竞争优势,要为其商品及服务创造更高的附加价值,商业策略是将企业经营模式(流程)分解为一系列经济活动的增值过程,这一增值过程就是价值链。

曾铮等认为,价值链是一种描述产品存在周期全过程的概念,即从设计和产品开发到采购原材料和中间品投入、营销程序以及对最终客户的服务和价值再循环[⑤]。

刘长江等认为,可以把企业创造价值的过程分解为一系列互不相同但又相互关联的经济活动,或者称之为增值活动,包括产品设计、生产、销售、交货和售后服务等环节的活动,共同构成企业的价值链[⑥]。

总之,价值创造是通过一系列相关联活动实现的。这些关联活动包括设计、生产、销售、服务及辅助等过程中的所有活动,这些互不相同但又相互关联的活动构成了一个动态价值创造的链条。价值链是引导产业链形成和发展的重要内含链,是产业链的重要基础。

2. 供需链

供需链(supply-demand chain)概念较早出现在1983年和1984年美国《哈佛商业评论》期刊上的两篇学术论文中。美国著名经济学家史蒂文斯(G. C. Stevens)定义供需链为,通过增值过程和分销渠道控制从供应商到用户的流程,它开始于供应的起点,结束于消费的

① 刘刚. 基于产业链的知识转移与创新结构研究[J]. 商业经济与管理,2005,11: 11-13.

② 陈朝隆. 区域产业链构建研究[D]. 广东:中山大学,2007: 23-25.

③ 杨宇昕. 从产业价值链看中国汽车零部件企业发展战略[D]. 武汉:武汉科技大学,2004: 5-7.

④ 卢明华,李国平,杨小兵. 从产业链角度论中国电子信息产业发展[J]. 中国科技论坛,2004,4: 18-22.

⑤ 曾铮,张亚斌. 价值链的经济学分析及其政策借鉴[J]. 中国工业经济,2005,5: 104-111.

⑥ 刘长江,黄建祥. 基于价值链基础上企业竞争优势的构建[J]. 中小企业科技,2007,5: 15-16.

终点①。

崔兴文等提出，把供需链看成一些群体共同工作的一系列工艺过程，以某一方式不断地创新，为顾客创造价值。在供需链系统中，不同的经济活动单元（供应商、企业合作者和顾客）通过协作共同创造价值，而价值已不再受限于产品本身的物质转换②。

林世奇认为，供需链是指围绕核心企业，通过对信息流、物流、资金流的控制，从采购原材料开始，制成中间产品以及最终产品，最后由销售网络把产品送到消费者手中的将供应商、制造商、分销商、零售商直到最终用户连成一个整体的功能网链结构模式③。

刘丽文认为，供需链是指由原材料零部件供应商、生产商、批发经销商、零售商和运输商等一系列企业组成的网链结构④。

供需链研究焦点主要集中于产业链上节点和节点的供需关系。供需链通常包括需求链、供应链和技术链，是产业链的基础链。需求链分为消费者需求链和生产者需求链；供应链是指生产及流通过程中，涉及将产品或服务提供给最终用户活动的上游企业与下游企业间所形成的资源供应网链结构；技术链分为产品技术链和服务技术链。产业链运行过程中，需求链变化要求技术链、供应链必须同步相应变化，并作用于需求链，使需求链持续运动，逐步实现各节点价值链对接。

总之，供需链以客户的需求为起点，经过产品设计，资源供应，产品生产、储存、销售及服务等环节，到使产品满足最终用户特定需求的各项制造、流通、服务以及商业活动所形成的网链结构。

3. 企业链

逄元魁认为，企业链（enterprise chain）是指由企业生命体通过物质、资金、技术等流动和相互作用形成的企业链条。……企业彼此之间进行物质、资金的交易，实现价值的增值，又通过资金的反向流动相互联系。企业链是企业生命体与生态系统的中间层次⑤。

王洋等提出，企业链是指产业中包括供应商、分销商、零售商在内的上下游企业紧密合作，吸引合作伙伴参与企业的新产品研究开发，建立信息共享机制，通过上下游企业间的技术转移，有效地运用合作伙伴的经验和专门技术……。"链合创新"强调以产业链为载体，上下游企业在新产品研发过程中共享信息、共担风险、共同获益⑥。

总之，企业链是指由组成产业链的企业彼此间通过物质、信息、技术、资金等要素的流动和相互作用，最终实现价值增值的网链式结构。企业链中企业的状态决定整个企业链的状态，企业链中的每个企业对企业链的形成和发展都有一定作用，但具体作用也不完全相同。企业拥有的活力和优势，会给企业链带来相应的活力和优势。企业链中优势企业会形成整个链条的核心节点，占据企业链中的优势位置、主导地位。企业链也会筛选链中的企业，通过剔除、淘汰劣势企业，达到优胜劣汰，保证企业协同发展和企业链持续优化。

---

① Stevens G C. Integrating the supply chain [J]. International Journal of Physical Distribution & Materials Management, 1989, 19(8): 3-8.

② 崔兴文，张成君．ERP 和 CRM 整合的供需链思想[J]. 黑龙江科技信息，2009，6: 134.

③ 林世奇．试论供需链成本均衡和优化[J]. 淮南职业技术学院学报，2006，2(6): 41-44.

④ 刘丽文．企业供需链中的合作伙伴关系问题[J]. 计算机集成制造系统 -CIMS，2001，8: 27-32.

⑤ 逄元魁．基于企业生命体理论的企业持续成长研究[D]. 济南：山东大学，2006: 12-15.

⑥ 王洋，刘志迎．基于产业链上下游企业"链合创新"的博弈关系分析[J]. 工业技术经济，2010，5(29): 67-70.

整个社会中不同企业链之间也可能是相互联系的，某一企业链中的企业也通过不同渠道与该企业链以外的其他企业链进行联系、合作，构成复杂的多企业链网状结构。

4. 空间链

学术界对于空间链（space chain）的概念还没有给出明确定义，只从产业链空间关联的角度描述了企业空间分布对产业链的影响。

唐静等从产业链空间关联出发，在产业链空间关联基础上，用产业布局的空间比较优势和空间交易成本均衡模型探讨产业链空间关联机理和产业链空间关联模式，提出优化区域产业布局措施①。

龚勤林认为，产业链存在宏观和区域两种空间考察视角，并从空间区域说明了产业链表现出的空间非集中分布特征②。

空间链是指以企业生产的各个环节为基础，以产业链核心企业为核心，以价值链为纽带，产业链中的所有企业在不同地区的空间分布或布局。产业链上诸产业中的各企业在空间属性上必定分属于某一特定经济区域。对于同一种产业链来说，在不同地域有不同的分布，即形成特定的产业的空间链。产业链的空间分布或布局可分为全球、国内、地区、省市等多个层次，产业的空间链按地域可分为全球链、国内链和地区链、省市链等[70]，如全球汽车产业空间链、中国汽车产业空间链、西北地区汽车产业空间链、陕西省汽车产业空间链等。

2.1.3　装备产业链定义及实质内涵

参考产业链相关研究，结合我国国防科技工业和装备建设的特点，这里将装备产业链的概念定义为：在装备寿命周期各阶段、各环节交易活动中，从事装备产业经济活动的地方承制方（研究、试验、生产、保障、服务等组织的统称）及军方（后勤保障、装备管理、采购、合同监管、试验、储存、使用、保障、科研等组织的统称）之间由于分工、角色不同，围绕上、中、下游装备及其配套产品、服务而形成的经济、技术、管理关联体。装备产业链包括价值链、技术链、企业链、空间链、供应链、需求链、管理链和信息链等众多维度，各维度之间既相互联系，又相互作用，在相互对接均衡过程中形成复杂的、多维一体的产业网络链路。

装备产业链是一个相对宏观的概念，具有政治属性、价值属性和结构属性等基本属性。装备产业链与一般产业链相比具有更强的政治属性。具体表现为产业链各节点组织、企业在关注自身利益的同时，必须把国家利益放在首位，战时这一特点更为突出。价值属性是指装备产业链内部主体存在上下游价值增值和价值交换。结构属性是指装备产业链内部主体存在广泛联系和大量上下游交易关系，表现为产业链中各节点组织、企业围绕装备产品供需，由相关实体集合而形成有形链条。同时，装备产业链具有较高的产业关联度，它的发展不仅涉及装备的设计、制造、零部件加工等核心产业，还与钢铁、电子信息、材料、能源、交通运输等国防基础和配套产业密切相关。装备生产规模的扩张或萎缩必将引起上、下游相关产业规模的扩张或萎缩。因此，装备产业价值链是以国防和军事需求为牵引，

① 唐静，唐浩. 产业链的空间关联与区域产业布局优化[J]. 时代经贸，2010，7：26–27.

② 龚勤林. 产业链空间分布及其理论阐释[J]. 生产力研究，2007，8（16）：106–107.

通过政府(军方)主导、能力驱动等方式,实现装备产业相关社会资源的优化配置,以军方用户价值(兼顾军事效益、经济效益和整个社会综合效益)的最大化为目标,实现整个产业链的价值增值,进而实现产业链条上各节点组织、企业价值的增值。

因此,装备产业链包括五个方面的实质内涵:第一,装备产业链是满足军事需求(军方价值)程度的表达;第二,装备产业链是围绕装备研制、生产、保障主导核心技术的技术关联性的表达;第三,装备产业链是装备产品价值增值与传递的表达;第四,装备产业链是围绕装备产品研制、生产、保障活动的组织关联度的表达;第五,装备产业链是装备研制、生产、保障资源优化配置程度的表达。

2.2 装备产业链基本特性

根据系统科学原理和相关学科理论,装备产业链是一个具备静态特性、系统特性、运动特性、动力特性、生态特性等基本特性的特殊而复杂的系统。装备产业链在相对静止或平衡状态时会表现出静态特性;装备产业链作为一个由众多机构、单位、企业等组织构成的特殊而复杂系统所表现出的整体性、复杂性、层次性和自组织性就是系统特性;装备产业链运行过程中所表现出的不断变化和持续发展的特性就是运动特性;装备产业链的运动、发展受各种因素的影响和作用就是其动力特性的体现;装备产业链在运行过程中表现出的生态学有关特性就是其生态特性。深入研究装备产业链这五个基本特性,可以深层次地揭示装备产业链系统的本质、运行特点和发展规律。

2.2.1 静态特性

装备产业链的静态特性主要表现为装备产业链的结构特性、跨组织特性、地域特性、稳定性等具体特性。

1. 结构特性

从结构组成角度看,装备产业链是链、体、链主三者的统一体。第一,它是链。装备产业链是以装备产品为对象,以有关组织、企业为节点,以节点间的物质流、资金流、信息流等为联系,构成的一条实体链路。第二,它是体。装备产业链并不是松散的组织、企业简单聚集,而是一个内部组织、企业间紧密联系的复杂的国防经济组织体系。作为国防经济组织体系的产业链,存在针对全链复杂系统的管理,从而保证整个装备产业链不断降低运行成本、提高资源利用效率,因此,各节点组织、企业在产业链内与产业链外会有不同的交易成本。装备产业链具有高度的壁垒性特点,即一个链外组织要进入该产业链,在同等条件下,不仅需支付一定的经济成本,还需支付特定的政治成本。装备产业链具有对装备产品垄断的趋势和特点,使装备产品性能、质量、价格趋于相对固定。表明装备产业链内各组织、企业间关系已不同于一般组织间的联系,而是一个更具相互依存和经济内涵的复杂关系整体。第三,它有链主。链主是在装备产业链内居支配地位的军方(装备管理部门、装备采购部门、装备使用单位、装备保障单位等),军方链主在装备产业链上具有龙头作用,为链内其他企业、部门、单位等组织提供装备需求等相关信息服务,履行链内装备产品主导与管理者的职能,“链主”在链内提供主要资金,获得装备产品,全程组织对装备产品及服务的质量、进度、成本等要素的监督控制。

2. 跨组织特性

装备产业链的跨组织特性是指装备产业链跨越链内各组织、企业的固有边界,在不同业务、不同结构和不同文化的组织、企业之间进行协调、管理。从管理学角度来讲,装备产业链是一种介于整个装备市场和单个市场主体之间,按一定产业、业务分工关系和时空关系组成的具有价值增值功能的链网式、跨越单个市场主体的复杂中间组织。装备产业链内各组织、企业在相互信任、密切协作、资源共享、优势互补、平等互利的环境下协同合作、共同进步。装备产业链内各组织、企业合作的目标是为各方创造更大价值、带来更多利益,实现多方共赢。军民融合深度发展,进一步推动社会资源、国防资源的重新分配和组织优势再分布。军工企业的垄断逐渐转移到装备产业链中相关企业、单位等组织的有序竞争。而且竞争的重心也呈现出多样化的特点,在传统的成本和质量要素的基础上,伙伴关系和市场响应速度成为新的竞争焦点。装备产业链中的任何组织、企业依靠自身的资源、优势和力量都很难在装备市场竞争中占据绝对的优势或支配地位,为了能够获得外部资源,抢抓市场机遇,规避各种风险,单个组织必须联合产业链上、下游的组织、企业,将自身主要资源集中于最擅长的核心业务,不断提升专业化能力和水平,通过分工协作,将非核心、非专业化的业务外包给具有相应核心、专业化能力的组织、企业。

3. 地域特性

装备产业链的地域特性是指组成产业链的相互联系的组织、企业相对集中于特定地域,即产业链条上的产业部门分属于某一特定社会经济区域。从宏观角度看,装备产业链是环环相扣、相对完整的;从区域角度看,特定经济区域可能拥有一条或多条较为完整的产业链,也可能只有一条或几条产业链中的部分链环。区域经济结构对装备产业链具有重要影响。因此,制定区域经济发展战略或调整区域经济结构时,要尽可能保证区域内产业链相对完整,促进产业集群的形成,以便产生产业链效应或产业集群效应。由于装备的特殊性,为了保证自主可控,对于装备产业链来讲,地域特性要求装备产业链在国内必须是完整的。

4. 稳定性

装备产业链的节点组织、企业间不是一般市场主体的交易关系,而是一种相对稳定的战略合作关系或产业联盟关系,是从组织发展战略、供应、创新到核心业务领域内全方位的协同关系,是一种资源共享、利益分享、风险共担的合作关系。与各种松散的组织联合不同,装备产业链中的组织、企业联盟可以保证在装备研制、生产、保障、服务等关键性领域实现高效、顺畅运行和无缝衔接。装备产业链的节点组织、企业间战略合作关系的稳定性,取决于产业链运行过程中竞争定价机制、利益调节机制和沟通信任机制等。只有这些机制高效、顺畅运行,才能保证装备产业链稳定、健康,不断发展壮大。随着军民融合深度发展,成本优势是节点成员保持稳定的重要因素之一。

2.2.2 系统特性

从系统论的角度看,装备产业链主要以军方需要的装备产品为对象,以装备承研承制单位和军队各单位为节点,是一个由相互关联、相互作用的组织、资源、信息、技术等要素构成的复杂的技术经济系统,拥有整体性、复杂性、层次性、动态性等系统基本特性。

1. 整体性

装备产业链不是单个组织、企业的简单连接,而是以相关产业组织、企业资源、能力

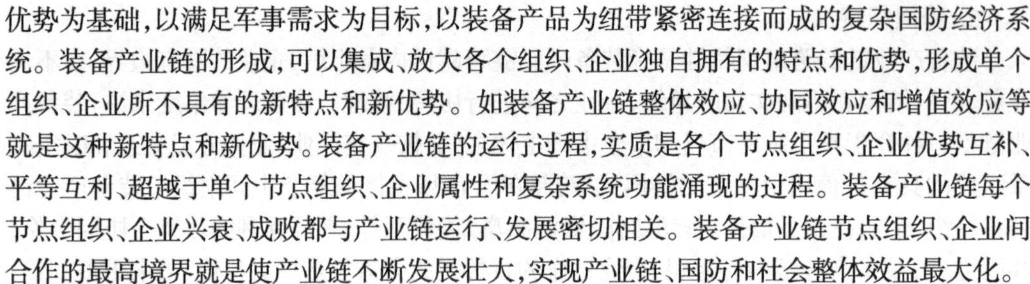

优势为基础,以满足军事需求为目标,以装备产品为纽带紧密连接而成的复杂国防经济系统。装备产业链的形成,可以集成、放大各个组织、企业独自拥有的特点和优势,形成单个组织、企业所不具有的新特点和新优势。如装备产业链整体效应、协同效应和增值效应等就是这种新特点和新优势。装备产业链的运行过程,实质是各个节点组织、企业优势互补、平等互利、超越于单个节点组织、企业属性和复杂系统功能涌现的过程。装备产业链每个节点组织、企业兴衰、成败都与产业链运行、发展密切相关。装备产业链节点组织、企业间合作的最高境界就是使产业链不断发展壮大,实现产业链、国防和社会整体效益最大化。

2. 复杂性

随着现代科学技术快速发展特别是信息技术的飞速发展和广泛应用,自然科学与社会科学、管理科学呈现出前所未有的、广泛而深入的相互作用、相互渗透、交叉融合的趋势,不仅使得装备系统、作战体系日益庞大、复杂,也极大增加了装备产业链的复杂性。装备产业链逐步发展成为一个复杂的社会、国防经济综合系统。装备产业链系统应具备更强的社会环境自适应能力与自我完善发展能力。装备产业链中各节点、各要素之间存在着复杂的、多种类型的相互关系,除了存在因果关系、线性关系,还存在复杂的相关关系和非线性关系。这些关系缠绕复合产生复杂作用过程和效果。装备产业链的复杂性,决定了装备产业链的演化机制和运行规律复杂性与难以把握的特点,这就要求装备产业链管理过程不能片面强调某一要素、某一节点或某一部分对产业链的作用或重要性。

3. 层次性

国防经济系统属于国民经济大体系,国防经济系统包括国防人力、国防物力、国防财力、国防科技等诸多方面国防资源供需,这些国防资源的供需均衡存在多个层次,每个层次的资源供需均衡都有其特点和规律。

装备产业链属于国防经济系统,装备产业链资源的供需均衡同样存在多个层次。按照作用效应层次,装备产业链可分为宏观产业链、中观产业链、微观产业链;按照空间区域层次,装备产业链可分为跨国或全球产业链、国内产业链、区际产业链、区域产业链、省市产业链等。装备产业链既可在跨国或全球范围内,成为跨国或全球经济系统中的子系统;也可在国内某个区域或省市范围内,成为区域或省市经济系统中的子系统。

装备产业链与产业链中的链路、链环、节点组织或企业之间也是一种层次关系。

装备产业链的层次性使得产业链整体与部分之间既有相似性又有差异性。例如,各个相关组织或企业的技术创新系统构成装备产业链整体的创新体系,二者在结构、状态和变化过程等方面有相通、相似之处,也有明显区别。

装备产业链及其各个层次子系统、各节点组织之间的经济利益、发展方向、长远目标既有共性部分,又存在一定差异。

4. 动态性

随着国际形势持续演进,社会不断发展,社会环境不断变化,国家发展战略、安全战略、装备发展战略不断更新,相应地,装备产业链系统的结构和状态必须不断调整和发展。在科学技术不断进步、装备需求不断更新、装备市场不断变化等条件下,装备产业链中的链路、链环、节点组织的数量、规模、能力、资源等也会随之不断变化,装备产业链与内外部关系不断调整,产业链结构不断优化,产业链功能和行为要作适应性改变。在与环境相互作用过程中,装备产业链持续不断演化发展。在装备产业链演化发展过程中,会有一些链路、链环断裂，一些节点组织、企业重组、退出、衰退或破产，一些新的节点组织、企业加入。因此，装备产业链的动态性还表现为产业链整体结构的优化、效能的提升，内部部分节点组织、企业的重组、退出与退化，外部具有特定能力、资源优势的组织、企业的加入。

2.2.3　运动特性

装备产业链的运动特性包括装备产业链的时间特性、优势区位指向性、拓展延伸性和自学习创新性等。

1. 时间特性

装备产业链的时间特性，是指产业链上下节点、链环、链路之间通常存在时间上的逻辑先后关系，即从上一节点、链环、链路到下一节点、链环、链路之间存在资源供应、产品加工工序、价值增值的时间先后顺序。

装备产业链节点、链环、链路之间的接续通常需要消耗时间，消耗的时间越短，说明产业链运行越顺畅，效率也越高。如果产业链节点、链环、链路之间空间距离较远，接续消耗时间加长，则消耗资源增加，必然会造成运输、储存等运营成本增加，更重要的是影响装备配备、作战与保障能力形成、恢复的时效性。

装备产业链各节点、链环、链路及资源配置要充分考虑所在区域主导和配套组织或企业的实际分布情况，尽量在相对较小的空间区域范围内为主导、龙头组织或企业完成装备产业相关资源供应与配套。

2. 优势区位指向性

装备产业是典型的劳动密集型、技术密集型、资金密集型产业，装备产业链作为一种特殊的国防经济活动组织形式，存在明显的优势区位指向性，具体表现为劳动力、资金、技术、信息、人才、自然资源、地理位置和政策等优势偏好。基于对特定区位偏好的追求，产业链必然通过不断地搜索，选择、确定优势区位，动态调整产业链结构、空间布局。

在军民融合发展条件下，通过完善相关法规制度，制定有关政策，破除行业垄断和各种壁垒，净化市场环境，促使整个社会资源、国防资源大融合，促进优势区位的动态变化，促成装备产业相关主体间广泛合作。

3. 拓展延伸性

受政策导向、制度安排、市场支配、利益诱导、资源优势、独特能力等的影响，会有新的组织、企业不断加入产业链，也会有组织、企业退出产业链。但随着武器装备体系越来越先进、复杂、庞大，装备产业链的业务范围不断拓展，产业领域不断延伸，学科专业不断融合，组织富集度会不断提高。

装备产业链运行过程中，还会在合适的经济区域内接入节点、链环、链路甚至其他产业链或断开节点、链环、链路，并在现有产业链基础上不断向上游拓展、向下游延伸，形成新的能力更强、效益更高的装备产业链。这也为国民经济、国防经济发展提供了新的增长点，提高相关产业竞争力，也有利于创造社会就业岗位。

4. 自学习创新性

自学习创新性是装备产业链所特有的。自学习使得装备产业链内部各层次、各环节、各组织或企业之间的资源共享，沟通交流更顺畅，达到提升装备产业链的整体运行和资源利用效率，提高产业链整体及各主体的创新能力和经济效益的目标。

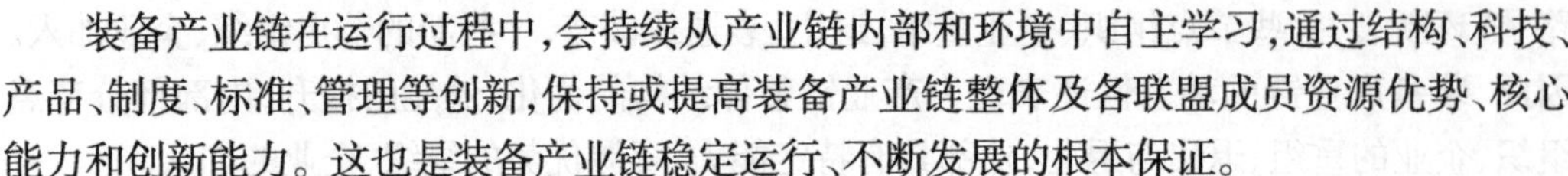

装备产业链在运行过程中，会持续从产业链内部和环境中自主学习，通过结构、科技、产品、制度、标准、管理等创新，保持或提高装备产业链整体及各联盟成员资源优势、核心能力和创新能力。这也是装备产业链稳定运行、不断发展的根本保证。

2.2.4 动力特性

装备产业链的动力特性包括产业链的内生动力特性和外源动力特性等。外源动力特性又包括装备市场支配性和政策导向性。

1. 内生动力特性

自组织既是系统的特性也是系统的功能。自组织现象是系统内生动力特性的具体表现。自组织现象是指大量存在于自然界中的自发形成的宏观有序现象。例如，激光器中的自激振荡，生命的生长，动物的迁徙，城市的形成与变迁等。自组织是包括生命系统在内的许多天然系统引人入胜而又发人深思的一种行为。

自组织系统通过反复迭代的宏观调整和演化不断趋于优化。这类系统一般无法达到平衡状态，而往往处在远离平衡态的区域进行调整和演化。一旦静止下来，这类系统就“死亡”了。

自组织使装备产业链结构不断更新完善，以适应环境的变化。

装备产业链的形成和持续发展的一个重要原因是由装备产业链自组织特性产生的内生动力。在没有其他外力的作用时，装备产业链各要素会按照相互关系和运行机制，各自发挥其功能而又协调地自动形成有序结构。装备产业链具有内部要素的协同性、状态的自转移性和自调节性等特点。

装备产业链自组织特性是指在不断变化的环境条件下通过改变自身结构、环境，从而达到新的有序或平衡状态，以持续适应环境的变化。装备产业链自组织是一个复杂的过程，其中的活动内容包括：从环境和产业链内部自主学习，根据需要在环境中理性选择潜在合作对象，与潜在合作对象谈判，确定合作组织或企业，与合作组织或企业形成关系契约和道德契约，形成装备产业链文化，调节链路、链环、节点组织或企业间的矛盾和冲突，调整链路、链环、节点组织或企业及其相互关系，治理装备产业链，等等。

从装备产业链的自组织过程看，自组织活动的持续进行实质上就构成了装备产业链发展的过程，因此，从系统发展动力的角度看，自组织就是装备产业链发展的内生动力。从系统发展阶段角度看，与一般系统发展过程一样，装备产业链也包括创生、适应、生长、发展等主要宏观阶段，各阶段的自组织行为可归结为自创生行为、自适应行为、自生长行为、自发展行为。装备产业链自组织过程也是通过信息共享、不断更新迭代，使得产业链整体协调、结构与功能不断优化升级的过程。

(1)自创生行为。

系统自组织的结果就是产生一个与原系统有显著差异的新系统，新系统的产生也就是新系统的创生，只是新系统的创生是原系统自发进行，即宏观系统的自创生。随着整个社会、市场环境的不断变化，新的系统（组织、企业）不断创生，原有系统（组织、企业）中有些不断生长、发展，有些则繁衍出新的系统（组织、企业），还有些（组织、企业）会消亡。装备产业链的形成，也是在装备市场各种主体、技术、资金等多种要素构成的原装备产业链基础上，在社会环境和装备产业链运行机制等共同作用下的自创生。

(2)自适应行为。

从系统的角度而言,系统与环境之间存在互动作用关系,就是系统不断与环境交互并自我调整以适应环境变化,即系统自适应行为。装备产业链在外部社会、市场环境不断变化情况下,通过产业链结构、状态、功能、制度、机制等调整、更新的自适应行为不断适应变化着的外部环境。装备产业链是以组织、企业和产品等为节点组成的链式复杂的中间状态组织,随着外部社会、市场环境的变化,不断发生着自适应变化。外部市场环境一旦发生改变,装备产业链系统必然会做出必要的响应。

(3)自生长行为。

系统随时间推移不断从环境中获取物质、信息、能量等多样化资源,并通过系统内部创新机制将资源内化,形成与环境交互或改变环境的增值了的新资源,这一过程使得系统不断发生着演化、成长,即系统自生长行为。装备产业链通过自适应行为,在装备市场需求的拉动下,从社会、装备市场环境中获取各种资源,通过内部创新机制产出满足用户需求的装备产品,而不断自生长。装备产业链自生长行为体现在:向上游拓展、向下游延伸,链路、链环、节点组织或企业更新与数量增加、能力增强,产品数量、产值增加,等等。

(4)自发展行为。

发展是系统生存的前提和永恒主题。从广义的角度讲,系统的自适应行为、自生长行为也是自发展行为。从狭义的角度讲,装备产业链自发展行为与自适应行为、自生长行为有着本质区别,主要表现为:产品质量提升、品种增加,产品更新升级,产业升级,产业链规模扩大、经营范围拓展、能力提升,产业链结构再造,产业链升级,产业链核心资源改变,产业链整体实力提升或核心能力改变,等等。

(5)迭代优化升级。

装备产业链自组织行为和现象也是量变与质变、主要矛盾与次要矛盾、内因与外因、整体与局部、必然与偶然等对立统一规律在装备产业链系统的具体体现。装备产业链自组织行为宏观上是通过各阶段自适应行为、自生长行为、自发展行为反复迭代、螺旋上升,适应社会发展和环境变化,不断优化结构、运行制度与机制,升级整体功能与能力。装备产业链形成到不断升级发展,其自组织过程通常经历多次渐变与突变、量变与质变,多次自适应、自生长、自发展的反复循环迭代与优化升级。

2. 外源动力特性

装备产业链根据国家国防战略、军事需求、装备发展战略及装备市场需求变化而不断变化发展。

(1)市场支配性。

国际形势和国内及国际装备市场需求的多变性、不确定性决定了作为装备市场主体的装备产业链及其链路、链环、节点必须具有较强的社会和市场环境自适应能力,并通过与市场环境的交互作用不断调整完善机制、结构、经营管理行为。一是调整发展目标,协调装备产业链内外部关系,解决出现的矛盾和冲突,完善运行制度机制。二是壮大装备产业链中链路、链环、节点,即增强链路、链环、节点组织或企业,增加装备产品品种、数量。三是装备产业链中链路、链环、节点的增删调整,即产业链向上游拓展或下游延伸或节点、链环断裂,相关组织、企业脱离装备产业链。四是装备产业链调整链路、链环、节点组织或企业的空间布局,优化市场资源配置成本。

（2）政策导向性。

装备产业链发展，除受产业链内生动力驱动、市场支配性作用外，社会环境中的国家国防及军队的政策、法规、制度、标准等也具有十分重要的导向性作用。在实现"中国梦""强军梦"时代背景下，国家和军队加大联合作战、新型力量建设所需装备体系研发与投入力度。这样与之相关的装备产业链也必将做出相应调整，并逐步完善、升级。装备产业链外的组织或企业、组织联盟或企业集群等有可能接入，并通过整合不断向上游拓展、向下游延伸，形成新的链路、链环、节点，形成一个纵横交错、经纬交织的多维网状结构，产生集群效应，在保证军事斗争对装备建设与发展需求的基础上，促进国防战略、"中国梦"、"强军梦"的实现。

2.2.5 生态特性

装备产业链与其他社会系统一样，也存在类似于生命体、生态系统的诸多现象和特性。

1. 生态种群特性

装备产业链是为了实现装备建设共同目标而相互关联的，类似生物种群中个体的众多组织、企业等主体构成的有机整体。生态学中的种群是指在一定空间中同一物种个体的集合，是物种存在的基本单位。种群由个体组成，但不是个体的简单堆积或聚集。种群内各个个体不是孤立的，所有个体通过复杂的种内关系组成一个超越个体功能、能力之和的更高层次的有机整体。装备产业链作为由众多相互联系的组织或企业等市场主体构成的有机整体，也存在与生态系统种群类似的特性。

（1）装备产业链由若干分工协作的上下游市场主体构成。装备产业链中的产业范围，以及各产业中市场主体的数量、规模及相互关系，直接反映了装备产业链的多样性和复杂性。

（2）装备产业链由众多单个组织或企业组成，但不等于个体功能、能力的简单相加。装备产业链内各个节点组织或企业等市场主体不是孤立的，而是通过复杂的链内分工协作、优势互补组成一个相互依存、相互影响的有机整体。装备产业链中的组织或企业等市场主体通过有效整合，适应环境变化，实现共生共存和共同发展，不断达到新的平衡，形成新有序状态下生存与发展。装备产业链的形成和发展必然经过对环境的动态适应和各市场主体之间相互动态适应过程。

（3）装备产业链与其所处的外界环境是动态相互作用的。装备产业链不是完全被动地适应环境，对其所处环境具有一定的能动作用，可以影响和改变其所处的环境。装备产业链不仅受到现实社会环境、装备发展环境的制约，也会对社环境、装备发展环境产生重大影响，并促进自身发展条件的形成和不断完善。

（4）装备产业链结构组成具有明显的动态性。装备产业链内各组织或企业等市场主体都处于不断的动态变化、持续运动发展过程之中，也都具有一定的生命周期。有些组织或企业等市场主体在装备产业链发展过程中会发生兼并或重组；不适应环境或不符合装备产业链发展需要的组织或企业等市场主体会被淘汰出局或直接消亡；外部组织或企业等市场主体又会不断地加入装备产业链。装备产业链在动态发展过程中不断适应环境变化、持续优化其结构、强化其能力、扩大其优势。

（5）装备产业链具有分布范围有限的特性。作为一种社会组织系统，装备产业链必然会分布在特定地域、空间区域或特定社会资源环境内，为了保证运行效率和效益，无论是空间区域还是社会范围，都是有限的。

2. 食物链特性

生态系统食物链主要由生产者、消费者和分解者构成。食物链的生产者主要是绿色植物。生产者决定了食物链内的能量（资源）流动总量，对于整个食物链至关重要，是食物链的起点。食物链中的消费者主要包括草食动物、弱小肉食动物、强悍大型的肉食动物等营养级，分别位于食物链中的节点位置。处于食物链中的节点上各营养级上的动物之间存在相生相克关系。食物链中任何结点如出现异常、消亡，都可能导致该食物链出现重组、断裂或整个生态系统灾难。

装备产业链也可以看成生态系统的食物链。军方在食物链中既是生产者又是分解者，地位极其重要。军方作为整个食物链的起点，决定资源投入总量，是装备产业链资源的源泉。军方作为整个食物链的终点，体现着装备产业链存在的意义及其价值和根本目标的实现。

在装备产业链中的其他链环、节点则是食物链中的各级消费者。一旦前序链环、节点出现问题（即上游链环、节点的原材料、零部件或产品出现异常），整个食物链就有可能出现结构调整、链环或节点断裂，乃至整个产业链瘫痪，造成装备产业链功能、目标无法实现，严重时可能导致整个装备产业链解体、消亡。

3. 生态位特性

生态位是指特定生态系统生物群落中某种生物所占的物理空间、发挥的功能作用及其在各种环境梯度上出现的范围。通常用生态位宽度衡量生态位大小。生态位宽度越大，说明其在生态系统中发挥的作用越大，对社会、经济、自然资源的利用越广泛，利用率越高，效益越大，竞争力越强；反之，在生态系统中发挥的作用越小，竞争力越弱。物种之间的生态位越接近，相互竞争越激烈。同一属的物种之间具有较为相似的生态位，可分布在不同的区域；如果分布在同一区域，必然由于竞争导致其生态位逐渐分离。

装备产业链中的生态位是指其所占据的装备市场位置或份额、发挥的功能作用及其在装备市场环境中出现范围，包括可被其利用的自然要素和社会要素的总和。

装备产业链的生态位反映了产业链间的功能生态位势，产业链与区域经济间的空间生态位势，产业链与其外部环境间的环境生态位势。

装备产业链的生态位也反映出其与其他产业链的比较优势。装备产业链比较优势有利于其稳定运行和发展，有利于其吸引并保留可提供优质资源的链路、链环、节点组织或企业，还可以有效避免由于生态位相近而造成产业链之间不必要的竞争。

装备产业链中不同链路、链环、节点组织或企业的生态位也不同。装备产业链中链路、链环、节点组织或企业可以通过经营规模差异化、层次差异化、业态差异化、产品类别差异化、空间与时间差异化，达成资源需求差异化、功能差异化，形成资源、能力比较优势，提高自身生存能力和市场竞争能力。

4. 互利共生特性

共生是生态系统中两种生物体之间的依存关系，包括对单方有利的偏利共生和对双方都有利的互利共生。互利共生是指对双方都有利，如果一方消亡，则另一方也不能生存。装备产业链中普遍存在互利共生特性。装备产业链内不同链路、链环、节点组织或企业间存在互利合作、协同关系，通过合作、协同，提高各自的生存能力和在产业链中的价值，进而扩大整个产业链资源优势和核心竞争力。

根据合作参与者所有权关系，装备产业链互利共生大致可分为自主实体共生和复合实体共生两类，也是装备产业生态系统中最为普遍的两类互利共生形式。

自主实体共生是指参与共生合作的链路、链环、节点组织或企业都具有独立的法人资格，共生合作双方不存在所有权隶属关系，彼此相互独立，且彼此行为完全受市场机制和利益驱动，在单方利益得不到满足或市场条件不允许时，共生合作关系终止。随着装备产业链业务范围的拓展、资源需求的增加、核心能力的提升，为了满足其生存和持续发展的要求，不断在市场环境中寻找更多的共生合作伙伴，形成一对多、多对多的复杂网状共生合作关系。

复合实体共生是指所有参与共生合作的个体同属于一个更高层次的组织，是该组织中具有一定的独立经营自主权的分支机构、子公司、部门或车间等。这种共生合作模式完全取决于整个组织的战略意图和发展目标，或者取决于整个组织资源优化、业务整合的需要，或者是迫于组织外部环境的压力。共生合作的个体通常没有完全独立的决策权和自主权。

2.3 装备产业链结构及其演化

2.3.1 装备产业链层次结构

从装备产业链的形成和发展过程动态角度可将装备产业链结构划分为三个层级，如图 2-1 所示。

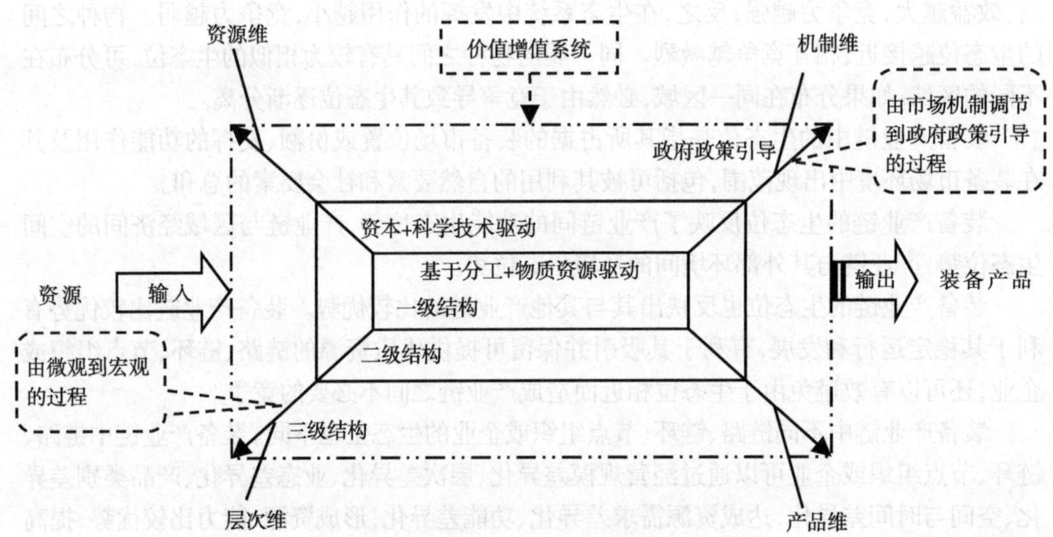

图 2-1 装备产业链结构层级示意图

1. 一级结构：基于分工和物质资源驱动的装备产业链

亚当·斯密认为，分工是劳动效率提高的主要原因。人与人之间的分工极大地促进了社会劳动生产力的提高，并且为生产专业化奠定了基础。新兴古典经济学认为，企业是建立在分工基础上的。企业制度是一种特殊的组织分工与交易的形式，如果最终产品的生产和中间产品的生产之间有分工，则企业制度就可以节省交易成本。企业是社会组织分工的结果，企业内部普遍存在着人与人之间的劳动分工。随着科学技术和社会经济的发展，社会组织、企业之间的分工变得越来越细、越来越重要。有分工就必然需要协作，分工与协作始终是一对矛盾统一体。

装备产业链是由具有相互联系的不同组织、企业组成的综合体。这些组织、企业在最终武器装备产品生产、服务上的分工不同，随着分工不断细化，它们的经营活动在空间分布上越来越分散。装备产业链中的组织、企业通过装备产品加工、服务中的上、下游关系紧密地联系在一起，形成一条从原材料到产品研制、生产加工、销售、保障、服务的链条。在整个链条结构中，物质资源是产业链主体之间连接的纽带，维系着产业链的正常运行。在这种结构中资本和技术含量还相对较低，产业链内各组织或企业间分工、协作关系，主要依靠市场机制来调节。

这种以物质资源为纽带的组织或企业分工、协作的装备产业链结构，可以看作装备产业链的一级结构。

2. 二级结构：资本和科学技术驱动的装备产业链

随着社会经济的不断发展，众多社会组织或企业不断加入到产业链链路、链环、节点，形成相对完整、更加复杂的装备产业链后，加大产业链价值增值链路、链环、节点的投资和建设力度，增强产业链价值增值能力，成为产业链提高竞争力、追求高效益发展的重要手段。在整个链条结构中，资本的不断投入和先进科学技术的持续研发应用，带来物质资源需求量的大幅增加，成为装备产业链升级、发展的重要驱动力。

资本的不断投入用于提升产业链关键链路、链环、节点的生产能力，通过不断扩大生产规模，实现规模效应，提升产业链经济效益。

先进科学技术的持续研发和应用则提升了产业链各链路、链环、节点的能力水平，以及产品性能与质量，带来产业链及各链路、链环、节点的价值增值，也实现了最终装备产品的价值增值。同时，先进科学技术的应用还能够有效解决装备产业链发展过程中的瓶颈问题，打通产业链链条中堵点、断点，实现各类资源、价值在产业链各链路、链环、节点间的顺畅流动和传输。

装备产业链的二级结构，仍然是市场机制起主导作用，产业链的稳定运行和持续发展不仅依靠资本和先进科学技术驱动，还需要大量物质资源的支撑。

3. 三级结构：政府政策引导的装备产业链

在装备产业链一级、二级结构中，市场机制均起着主导作用，装备产业链上的链路、链环、节点组织或企业之间的关系主要通过市场机制调节，各类资源的配置和市场主体的竞争，遵循价值规律和市场运行规则，主要以提高经济效益作为决策和行为准则。市场机制下的经济效益通常可以量化比较，而社会效益、军事效益则通常难以量化，更难以与经济效益相比较，因此市场机制不是万能的，也会失灵，从而造成资源浪费，影响国民经济、国防建设目标的实现。

装备产业链在市场机制的调节下，物质资源、资本和科学技术都在国家利益、国防利益、军事需求的驱使下进行配置和发挥作用。但通过市场机制调节，很难实现社会效益、经济效益、军事效益完全均衡，特别是一些关系国家战略、军事战略和装备长远发展的领域,如果完全放任由市场自发调节,市场主体就会把注意力集中在追求经济利益上,而忽视社会效益、军事效益,从而影响国防和国家整体实力的提升。

为了避免市场机制失灵,政府必须从国家层面出台相应的宏观经济政策对装备市场进行调控,对市场主体进行引导,促进相关物质资源、资本和科学技术的配置更加合理。在宏观经济政策的引导下,将资本投入到装备产业链中经济利益可能较少、但社会效益、军事效益或综合效益特别大的关键环节,促进装备产业链某些关键环节的技术创新和装备研发,在提高整个装备产业链竞争力、发展后劲的同时,促进装备产业结构的持续升级,从而实现国防建设和装备持续健康、快速发展。

因此,装备产业链的三级结构是一级基于分工和物质资源驱动结构、二级资本和科学技术驱动结构基础上的国家宏观政策引导的结构。

2.3.2 装备产业链层次结构的四维演化

从装备产业链的三级结构的驱动、调节机制分析来看,一级结构所处层级最低,二级结构层级较高,三级结构层级最高。三级层次结构不是各自孤立的,而是互相联系的,低层级结构支撑较高层级结构,高层级结构嵌套较低层级结构。三级层次结构间沿资源维、产品维、机制维和层次维不断渐进演化。

1. 资源维演化

沿资源维方向,在由一级结构向二级结构再向三级结构演化过渡的过程中,由自然资源起主导作用的物质资源加工驱动,向资本和科学技术资源共同驱动及物质资源支撑的方向转变演化;随着资本和科学技术驱动作用增加,为避免市场机制调节失灵,装备产业链又演化到以政府政策引导和市场机制调节相结合的结构,此时,各类相关社会资源也会在装备产业链中发挥作用。因此,沿资源维方向,物质资源的作用逐渐弱化,但资源的外延逐步拓展、范围越来越广、规模越来越大,导致装备产业链的结构越来越复杂、规模越来越庞大、发展空间越来越广阔。

2. 产品维演化

沿产品维方向,装备产品由简单到复杂,装备产品的数量、品种也不断增加,对资本、科学技术的要求也越来越高,技术先进性成为装备产品的关键要求。随着先进科学技术的开发和应用,装备产品中的价值含量也随之逐步提高。装备产品由最初的简单物质形式的产品逐步发展为包含硬件、软件、服务、智能等有形与无形一体化的复杂产品系统。从国家宏观经济的层面看,装备产业由第一、第二产业逐步向第一、第二、第三产业融合的方向转型。

3. 机制维演化

沿机制维方向,表现为影响装备产业链发展的作用机制由市场机制主导逐渐向反映军事需求牵引、军方主导的国家宏观政策引导,与市场机制调节共同作用的方向转变。装备产业链的各类资源也由市场配置为主向政府政策引导和市场规律综合配置的方向演化与转变。

4. 层次维演化

沿层次维方向,一级结构是以物质资源为纽带的组织分工、协作装备产业链结构,无论是物质资源还是组织分工、协作,都是微观层面的,市场调节机制也属于微观层次的,相对简单。二级结构，装备产业链不仅依靠资本和先进科学技术驱动，还需要大量物质资源的支撑，相比与一级结构，资源类型更多、层次更高，相对一级结构较为宏观，市场机制调节作用也相对更加宏观。三级结构在二级结构基础上，装备产业链发展水平更高、结构更加复杂，市场机制调节已经不能独立发挥作用，必须加入国家宏观政策的引导，相对于二级结构更加宏观，运行机制也更加宏观。因此，装备产业链三级层次结构反映了其从微观到宏观的演进、变化，各层次的影响范围也由微观组织或企业层次逐渐到宏观行业、产业、国防经济、国民经济、整个社会层次。

综合而言，装备产业链的层级结构递进发展，逐层支撑。装备产业链资源的外延逐步拓展、范围越来越广、规模越来越大，从单一市场机制调节发展到市场机制调节和宏观政策引导相结合，是一个由微观层次发展到宏观层次的复杂价值增值系统。

2.3.3　装备产业链非线性时序演化

社会不断发展，装备产业链同样并非一成不变，而是随着时间的推移不断演化、持续发展。图 2–2 是装备产业链在时间维、价值维和机制维三维的演化过程示意图。作为一个价值增值系统，从价值维和时间维来看，随着资本不断投入和先进科学技术的持续开发与应用，装备产业链在价值不断增值过程中不断发展。

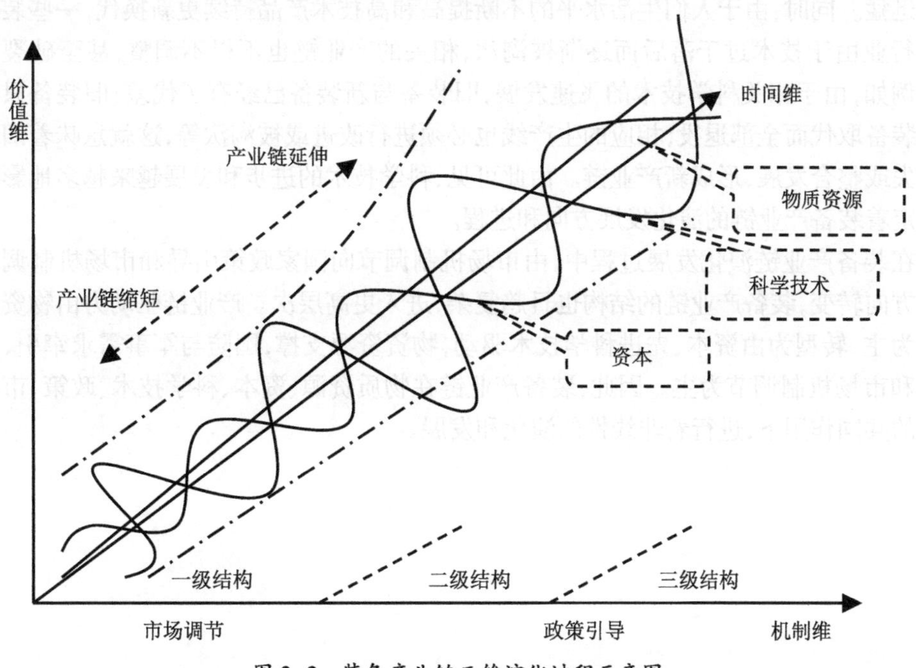

图 2–2　装备产业链三维演化过程示意图

装备产业链的形成、演变过程始终围绕着资源进行，资本和科学技术是除物质资源外的两个重要资源及影响因素。物质资源贯穿始终，资本和科学技术在演化、发展的过程中发挥着不同的作用，并且资本、科学技术的变化对装备产业链的演化、发展的影响越来越大。

在装备产业链形成初期，利用物质资源，生产装备产品为主，资本投入相对较少，装备产品的科学技术含量相对较低、价值增值也相对较少。装备产业链相对较短、也较简单。

随着装备产业链相关资本不断投入和相关科学技术水平不断提升，装备产品性能、质量显著提升，装备产品品种、数量、复杂程度增加，所需资源类型、数量均大幅增加，相关物质资源的利用、加工程度不断深化，导致装备产业链随着装备产品的变化和对各类资源需求的增加而不断拓展、延伸。装备产业链价值增值对物质资源的依赖性逐步降低，而对资本特别是先进科学技术的依赖性显著增加。因此，随着时间推移，装备产业链呈现出发散状的拓展、延伸。

尽管资本和科学技术对装备产业链的发展均具有重要作用，但是二者的作用程度和作用范围各不相同。在装备产业链某些发展阶段、某些环节，以及某些装备产业、某些装备产品中，资本发挥的作用或重要性更大；在装备产业链另一些发展阶段、另一些环节，以及另一些装备产业、另一些装备产品中，科学技术发挥的作用或重要性更大。在二者共同作用和物质资源的支撑下，装备产业链不是线性均衡而是非线性地动态演化、发展，呈现出螺旋式上升的趋势。

随着科学技术持续进步、国民经济和国防经济的发展，装备产业链既有创生的机会，也有消失的可能。随着现代信息、材料、能源、智能等科学技术的发展，装备相关行业、产业发生了天翻地覆的变化，航空装备产业链、航天装备产业链、指挥控制装备产业链等都发展迅猛。同时，由于人们生活水平的不断提高和高技术产品持续更新换代，一些装备产品和行业由于技术过于落后而逐渐被淘汰，相关的产业链也不得不调整，甚至破裂或消失。例如，由于相关科学技术的飞速发展，旧装备与新装备已经有了代差，旧装备只能被新型装备取代而全部退役，相应的生产线也必须进行改进或被淘汰等，这就意味着旧产业链消失或整合发展，形成新产业链。由此可见，科学技术的进步和发展越来越多地影响甚至决定着装备产业链的演化发展方向和进程。

在装备产业链演化发展过程中，由市场机制调节向国家政策引导和市场机制调节相结合方向转变，装备产业链的结构也日趋复杂，进入更高层次。产业链驱动力由物资资源驱动为主，转型为由资本、先进科学技术驱动，物资资源支撑，国防与军事需求牵引，政策引导和市场机制调节为主。因此，装备产业链在物质资源、资本、科学技术、政策、市场机制等的共同作用下，进行着非线性的演化和发展。

第3章 装备产业链形成机理及传导机制

装备相关行业、产业组织或企业之间客观上存在着复杂、多元的经济联系，这些组织或企业间的前向联系、后向联系必须借助于特定载体，形成具有一定表现形式和空间分布的装备产业链。若干组织或企业在特定空间地域内的聚集成为装备产业集群，进一步形成装备产业链。若干区域相关的装备产业组织或企业冲破空间限制、市场壁垒和环境约束，接通形成跨区域、跨行业的装备产业链。

装备产业链实质上也是一个利益、风险/机遇的共同体，各成员主体之间在经济利益、各类风险和发展机遇等方面相互协同、合作、作用，装备产业链各链环、各成员主体之间存在利益、风险/机遇传导机制。

3.1 装备产业链形成机理

随着现代科学技术的飞速发展和军事变革的加速推进，作战体系及支撑其的装备系统的复杂性、自动化与智能化程度不断提高，装备研制、生产、试验、使用、管理、保障过程通常划分为一系列有关联的环节。装备产业链中组织、企业在组织装备研制、生产、试验、使用、管理、保障的过程中，由于科斯定理（Coase theorem）、规模经济、范围效应等诸多限制，不能将装备全寿命整个过程全部工作由一个组织、企业来承担，因此就产生了众多组织、企业间的复杂的关联与协调关系。而这些复杂关系也促成了装备产业链的形成。

下面从相关理论和现实因素两方面研究分析装备产业链形成的动因和机理。

3.1.1 装备产业链形成的相关理论

装备产业链形成机理非常复杂，目前尚未有完全合适的理论能够解释其机理和相关现象。众多相关理论，如交易成本理论、价值链理论、战略联盟理论、资源依赖理论、核心能力理论、企业资源理论、企业进化理论、生态位理论、社会网络理论、利益相关者理论、制度经济学理论、博弈论等，只能从某一特殊的角度或方面来解释其现象、动因或机理，无法全面揭示其实质机理。因此，这里分别应用相关理论从不同角度对装备产业链的形成机理进行分析，通过对这些理论分析的综合可以得到装备产业链形成机理较全面的认识和解释。

1. 交易成本理论（transaction cost theory）

（1）基本内容。

交易成本理论已经被广泛应用于企业、组织行为和跨国公司等领域的研究，是现代产权理论的重要基础，也是新制度经济学的分支之一，代表人物有罗纳德·科斯（Ronald H. Coase）、奥利弗·威廉姆森（Oliver Eaton Williamson）、肯尼斯·阿罗（Kenneth Joseph Arrow）、张五常、道格拉斯·诺斯（Douglass C. North）等。1937 年，Ronald H. Coase 在“企业的性质”

一文中，分析了企业存在和扩张的根本原因，提出交易成本思想。1969 年，Kenneth Joseph Arrow 首先使用“交易成本”术语。系统研究交易成本理论的是 Oliver Eaton Williamson。

Ronald H. Coase 指出：企业与市场是两种不同的组织劳动分工的方式，即两种不同的“交易”方式，企业组织劳动分工的成本低于市场组织劳动分工的成本，这也是企业产生的原因之一。

交易成本是指组织用于交易对象寻找、确定，交易内容洽谈，交易合同、协议订立，交易执行、交易过程监督等各环节的成本与费用。

交易成本理论的基本观点：

①市场和企业可以相互替代，但二者的交易机制不同。

②企业替代市场有可能降低交易成本。

③市场交易成本的存在决定了企业的存在。

④企业内部化市场交易的同时产生额外的管理成本。当管理成本的增加与市场交易成本的节约相当时，企业边界趋于平衡。

⑤交易成本的存在及企业节约交易成本的努力是企业结构演变的唯一动力。

交易成本的降低是由于若干生产要素所有者和产品所有者组织起来作为一个市场主体进行市场交易，极大减少了市场交易主体的数量和交易中的摩擦。组织内部复杂运行结构由组织管理者操控，他们做出决策、指挥生产和控制资源流动，从而取消、避开市场交易，使组织能够替代市场，达到降低交易成本目的。

市场经济条件下，市场机制以价格手段配置资源，而组织机制以行政手段配置资源。组织与市场可以相互替代。当市场交易成本高于组织内部交易成本时，组织可以内部化或替代市场交易。但是，由于边界限制组织不可能无限扩大，而组织又离不开管理，管理也需要消耗资源带来管理成本，管理成本与组织规模直接相关，因此组织不可能完全取代市场。

(2)应用交易成本理论解释装备产业链形成机理。

交易成本理论对管理学、经济学等学科领域的研究具有深远的影响。它适用于所有涉及契约安排的问题。装备产业链内部主体间存在契约关系，交易成本理论显然也适用于解释装备产业链形成机理。在分析研究装备产业链的形成机理时可以借鉴、应用交易成本理论，并将交易成本理论作为研究的基础理论之一。

交易成本理论对于装备产业链研究的借鉴与指导作用体现在：

第一，交易成本理论可以作为装备产业链存在的理论依据。在社会组织体系中包含众多层次关系的组织系统，市场组织系统就是其中之一。整个市场与单个市场主体位于市场组织系统层次关系的两极，中间存在一系列层次的市场与组织或企业相混合的准市场组织，装备产业链正是处于其中的这种准市场组织。装备产业链通过链内稳固的合作伙伴关系，减少签约交易成本，降低履约风险；通过持续自学习，降低因有限理性产生的交易成本；通过链内顺畅沟通，降低信息成本。因此装备产业链的存在也是由于其能够降低链内组织、企业间的交易成本。

第二，不同形式的产业链实质上具有不同契约安排，以追求交易成本节约为目标。交易成本降低途径多样决定了装备产业链形式的多样性。

第三，装备产业链内部化市场交易必然增加产业链管理成本。管理成本的增加与市场交易成本的降低基本相当时,装备产业链趋于较稳定的动态平衡状态。

第四,交易成本的存在及交易成本降低的努力是装备产业链形成与结构不断演化的动力之一。

总之,作为中间层次准市场组织的装备产业链,综合了市场最低组织层次——单个组织或企业和最高组织层次——市场的优点,是一个有组织市场和有市场组织的综合体。

2. 价值链理论(value chain theory)

(1)基本内容。

1985年,迈克尔·波特在《竞争优势》中提出价值链理论。他认为,企业是在设计、生产、销售、传输和保障其产品过程中开展各种活动的综合体。这些活动构成企业的价值链条,即价值创造活动。每项价值创造活动就是价值链上的一个环节。企业之间的竞争,其实是企业间多项活动的综合竞争,而不是某项活动的竞争。

组织价值链是对组织产品、服务的价值或实用性增加相关的一系列作业活动关系的描述方式之一。

(2)应用价值链理论解释装备产业链形成机理。

装备产业链内成员(组织或企业)是在整个价值链的某些阶段环节从事产业链分工价值创造活动的实体。任何组织、企业都只能在价值链的某些环节上拥有优势,而不可能拥有在所有环节上的优势。即在装备产业链上某价值增值环节上,某些产业链成员拥有优势;在另外的环节上,其他成员拥有优势。为实现装备产业链内成员共赢的目的,各成员在各自所拥有的价值链优势环节上展开合作、协同。

3. 战略联盟理论(strategic alliance theory)

(1)基本内容。

战略联盟概念由简·霍普兰德(Jane Hopland)和罗杰·奈格尔(Roger Nigel)提出。战略联盟是指两个或两个以上有共同战略利益和对等经营实力的企业为了达到共同拥有市场、共同使用资源等战略目标,通过各种协议、契约而结成的优势互补、风险共担、生产要素双向或多向横向流动的一种松散的网络结构。

战略联盟的基本特征有:

①结构的松散性。战略联盟具有动态、开放、松散的结构形式。战略联盟并非一定是独立的实体,其各成员之间的关系通常也不正式,但以共同拥有市场,合作或协同开发技术、产品等为基本目标。

②行为的战略性。战略联盟行为不是对环境变化的应急反应,而是对未来竞争环境优化的长远谋划,注重从战略层面改善联盟成员共同的市场环境。

③合作的平等性。虽然战略联盟并非一定是独立的实体,但其成员均为独立法人实体,拥有相对独立的决策权、经营权。成员之间协同、合作遵循自愿、互利的原则,不受行政关系影响,只受互补的优势和产生的利益驱动。

④关系的长期性。参与战略联盟各成员的目标不在于获取一时、一次性的短期利益,而希望通过相互间协同、合作持续增强自身的竞争优势,以实现自身长期稳定的收益和发展。因此,战略联盟成员间的关系不同于市场中企业间的一次性交易关系,而是成员间长期相对稳定的协同、合作关系。

⑤优势的互补性。战略联盟成员间关系既不是成员间一次性的市场交易关系,也不

是一个成员相对其他成员的辅助关系,而是各成员间的优势互补关系。每个成员都要拥有自己的特定优势,没有优势是难以加入战略联盟的。成员通过相互协同、合作,实现优势互补、扬长避短,获得与其在战略联盟中的地位、优势和贡献相称的利益,这种利益如果不依靠战略联盟而只靠成员自身的力量是难以实现的。

⑥竞争的复杂性。战略联盟有些成员间存在着既协同合作又相互竞争的关系。这给市场竞争注入了新的含义,使得战略联盟面临既有内部竞争又有外部竞争的更加复杂的市场竞争。市场主体为增强市场主导能力,进入更大市场甚至全球市场,也会与竞争对手建立战略联盟。战略联盟成员间存在竞争中的合作、合作中的竞争。

(2)应用战略联盟理论解释装备产业链形成机理。

与战略联盟一样,装备产业链内的组织或企业之间存在协同、合作关系,这也是产业链内成员间的主要关系。不同装备产业链具有战略联盟的部分基本特征,即各种装备产业链具有结构的松散性、行为的战略性、合作的平等性、关系的长期性、优势的互补性、竞争的复杂性中的部分特性。因此,某种程度上讲,装备产业链内的组织或企业之间实质上也是一种准战略联盟关系,战略联盟理论也可用来解释装备产业链形成的机理。

战略联盟还可为装备产业链中的各成员组织、企业提供其他机制中所不具有的显著优势。

①协同优势。整合分散在装备产业链各组织、企业中的资源优势,凝聚成全面而综合的优势。

②提高速度。装备产业链中成员之间的战略联盟关系,可以避免市场反映、信息传递、临时变化、行政管理等带来的时间延迟,极大提高了各成员反应速度、产业链运行速度和效率。

③分担风险。战略联盟使装备产业链中各成员能够把握伴有较大风险的机遇,而这种较大风险通过各成员的分担,使得每个成员承担的风险则相对较小。

④保持优势。装备产业链中各成员之间的通过战略联盟的技术合作和交流,使其在面对各自独立的市场时能够保持竞争优势。

⑤拓展市场。装备产业链中成员可以通过战略联盟关系获得重要的市场信息,顺利地进入新市场,进一步密切与需求单位的联系,这些都有助于其拓展市场、增加收入。

⑥快速调整。战略联盟关系可以给装备产业链各成员带来工程技术发展和装备市场需求变化等信息,使其能够更加快速调整决策和计划以适应新技术变革、市场环境变化。

4. 战略选择理论(strategic choice theory)

(1)基本内容。

战略选择理论认为,企业建立合作伙伴关系的目的是提高自身的竞争能力或市场营销能力。企业建立合作伙伴关系,既可能是为了短期的效率、效益,也可能是为了满足资源的需求,还可能有其他目的。

(2)应用战略选择理论解释装备产业链形成机理。

根据战略选择理论,装备研制、生产、试验、使用、管理、保障相关的组织或企业通过建立合作伙伴关系能加快市场响应速度,提高市场竞争能力。例如,军民融合式发展就是为了防止个别企业在装备市场上形成垄断地位。有许多原因促使装备研制、生产、试验、使用、管理、保障相关的组织或企业间形成合作伙伴关系。装备研制、生产、试验、使用、管理、保障相关的组织或企业可以通过建立合作伙伴关系提高装备产品或服务的针对性，以达到提高企业的效率和竞争能力、降低成本的目的。在军民融合背景下，装备产业领域的军工组织或企业还可以选择民营组织或企业作为合作伙伴，从而追求在装备市场上的持续竞争力，增强自身的发展潜力，这种选择并不完全出于某种资源的需求或者对交易成本的考虑。

5. 资源依赖理论（resource dependence theory）

（1）基本内容。

20 世纪 70 年代后，资源依赖理论被广泛应用到组织关系的研究中。与新制度主义理论并称为组织研究的两个重要学派。1978 年，杰弗里·普费弗（Jeffrey Pfeffer）与吉拉德·萨兰奇克（Gerald Salancik）所著的《组织的外部控制》出版，该著作成为该理论的代表作。

资源依赖理论基于四个重要假设：一是组织最重要的是关心生存；二是为了生存，组织需要资源，而组织自己通常不能生产这些资源；三是组织必须与其所依赖的环境中的因素互动，这些因素包含其他组织；四是组织生存建立在其控制与其他组织关系的能力基础上。关键假设可归纳为：组织需要通过获取环境中的资源来维持生存，没有组织是资源完全自给的，组织需要与环境交换资源。杰弗里·普费弗提出：应当把组织视为政治行动者而不仅是完成任务的工作组织。组织的策略与其试图获取的资源、试图控制其他组织行为有关。组织内能够提供资源的成员比其他成员更加重要。

资源依赖理论认为，组织之间的资源具有极大的差异性，而且不能完全自由流动，很多资源无法通过定价在市场上交易。随着组织目标不断提升，任何组织都不可能完全拥有发展所需要的一切资源，其拥有的资源与组织目标之间实质会存在一定的差距。因此，为了弥补这一差距，组织就会与环境中控制着所需资源的其他实体之间交流互动，产生对资源的依赖性，从而使组织试图控制、支配其所处环境中的资源，并针对环境可能的偶发事件对资源的影响制定应对行动预案、方案。

资源依赖理论的特点在于强调组织间的关系和组织对环境的影响。通过分析组织如何改变环境，说明组织不再为资源需要去被动适应环境，而努力使环境适应自身。现实中，组织整合、合并、多样化行为是控制环境资源的具体实例。组织间的垂直整合可以消除对其他组织的共生依赖；组织通过水平拓展来吸纳竞争者，可以消除竞争给组织可能带来的不确定性；通过多样化的行动策略，将组织业务扩展到多个领域，可以避免过度依赖特定领域的主导组织；等等。

资源依赖理论的主要观点：

①因为环境不确定性和缺乏足够资源，组织可能会追求更多的资源，以保障自己的利益，减少和避免环境变化对组织带来的冲击。

②审慎理性管理，选择性资源积累与配置，战略性产业要素和要素市场不完善，可以给组织带来持续竞争优势，带来组织间差异。

③组织应将目标集中在战略要素市场和资源特性上，以保持组织持续竞争优势和与其他组织间差异。组织资源选择和积累决策受限于有限信息、认知偏差和环境不确定性，是一种经济理性。

④有价值、稀缺、难以复制、不可替代资源的有效利用和理性识别，带来组织的超额利润和组织间的差异。环境中各类资源通常是有限的，难以满足所有组织需求，因此，组织

能够获得较多资源就会在市场中拥有较大的自主性,直接影响缺乏资源的组织。

(2)应用资源依赖理论解释装备产业链形成机理。

资源依赖理论揭示了组织、环境间的依赖关系,组织采用各种策略来改变自己、选择环境资源和适应环境,可以用于解释装备产业链形成机理。资源依赖理论中的组织环境是组织及其管理者通过选择、理解、参与、设定而形成的,是组织与环境间一系列交互作用过程的结果。对于同一外部环境,不同的组织,或者同一组织的不同发展阶段、不同管理者,会有不同的选择、理解、参与、设定的方式。

在组织与环境间的交互过程中,组织会获得充分的主动性。为了满足资源需求,组织通过改变、操纵或控制市场环境中的其他组织来保持自身独立性,并与其他组织建立联系。组织也会通过类似参与法律法规或制度标准制定、政治性活动和改变合法性定义等行动,努力控制和改变市场环境中的其他因素。

国防资源的需求造成了装备研制、生产、试验、使用、管理、保障组织或企业对其所处环境中其他组织的依赖性,这些环境中的其他组织可能是供应商、竞争对手、客户、国防工业管理部门、装备管理部门、装备使用单位、装备保障机构以及其他相关组织机构。为了能够有效管理这种对环境中其他组织的依赖性,装备研制、生产、试验、使用、管理、保障组织或企业既会努力获得对所需重要国防资源的控制力,以减少对所处环境中其他组织的依赖性,又会通过努力获得对某些国防资源的控制权,以增加所处环境中其他组织对其依赖性。装备产业链既能够积聚合作伙伴的资源,又可以把合作伙伴差异化的资源和市场信誉结合起来,以创造装备市场中稀缺的、不可复制的独特国防资源,通过独特国防资源形成持续竞争优势。装备研制、生产、试验、使用、管理、保障组织或企业整合、组合、联合或加入装备产业链可以实现上述目标。资源依赖理论可以合理解释装备产业链成员间实现各类资源互补的动机。

6. 企业资源理论(resource-based theory of the firm)

(1)基本内容。

1984 年,伯格·沃纳菲尔特(Birger Wernerfelt)、理查德·鲁梅尔特(Richard Rumelt)等学者,摒弃主流经济学派的均衡分析方法,在艾迪斯·潘罗斯(Edith Elura Tilton Penrose)1959 年倡导的企业内在成长论基础上,提出企业资源理论。

企业资源理论主要假设:企业拥有独特的包括物质资源、技术资源、财务资源、信誉资源、组织资源和人力资源等在内的有形和无形资源,依据这些独特资源可以形成企业区别于其他企业的独特能力;企业拥有的独特资源在企业间不可流动、不可替代,其他企业也难以模仿或复制;企业拥有的独特资源、独特能力是企业竞争优势的源泉。

新古典经济学认为企业之间具有同质性,而企业资源理论则认为企业是资源的集合体,企业将目标主要集中在资源的特性和战略要素市场,追求与其他企业的资源禀赋差异,企业之间呈现出资源的异质性。企业战略管理的重点就是识别、开发、培育、维持和提升自身资源差异性和优势,以获得持续市场竞争优势。正是企业之间资源的异质性决定了他们战略的不同。

(2)应用企业资源理论解释装备产业链形成机理。

尽管装备产业链的形成存在众多动因,但装备产业链及其各成员组织或企业谋求在装备产业领域独特资源优势则是重要动因之一。

装备产业链所拥有的装备产业领域独特的资源是其市场竞争优势重要来源之一，也是形成市场竞争优势的重要前提之一。

装备产业链形成不仅与外部市场环境有关，还与内部的装备产业领域独特资源配置的合理程度有关。独特资源配置不合理会造成浪费，导致装备产业链损失部分优势。通过装备产业链内部所拥有的装备产业领域独特资源的识别、开发、培育、维持和提升，产业链内各成员组织或企业可以掌握各自存在的优势与劣势，进而加强资源优势互补，克服资源短板和不足，促进自身乃至整个产业链的持续发展。

7. 核心能力理论（core competency theory）

（1）基本内容。

核心能力理论亦称核心竞争力理论。1990年，普拉哈拉德（Coimbatore Krishnarao Prahalad）和哈默（Gary Hamel）在《哈佛商业评论》上发表“企业核心能力”一文，定义核心能力为：“组织对拥有的资源、技能、知识的整合能力，即组织的学习能力。”其后，斯多克（George Stalk）、伊万斯（Philip Evans）、舒尔曼（Lawrence E. Shulman）、伦纳德－巴顿（Dorothy Leonard–Barton）等以及美国麦肯锡咨询公司（McKinsey Company）发展了这一理论，提出了不同的核心能力的定义。其中，麦肯锡咨询公司的观点认为，核心能力是指某一组织内部一系列互补的技能和知识的结合，它具有使一项或多项业务达到该领域一流水平的能力。即组织核心能力是其独有的、能为用户带来特殊效用并使其在特定市场上长期拥有竞争优势的内在能力资源，包括组织拥有的竞争优势和区别于竞争对手的知识体系等。

核心能力理论认为，核心能力是组织内在的、极具隐蔽性、其他组织无法模仿也不易直接计量的独特资源，竞争优势则是组织表现出的、外在的、较易计量的特征。市场竞争优势可以通过市场占有率和消费者满意度来衡量。

组织竞争优势由表及里分为市场地位、资产状况、组织能力和组织心智。市场地位和资产状况是可以运用经济指标描述的组织外在表现。而组织能力和组织心智则是组织里层、内在的难以直接计量的特征。组织能力是组织发挥功能、实现价值的程度，表现为组织满足消费者需求和实现利益目标的能力。组织心智的差异则表现在面临不同境遇时不同组织的反应不同。组织高层管理者是组织心智的代表，也是组织心智的建设者，在组织心智中起着至关重要的决定作用。

组织核心能力包含在组织竞争优势体系之中。核心能力是组织中不可被模仿、复制的能力，来源于区别其他组织的最独特的那部分核心资源，因此，核心能力是组织获得持续市场竞争优势的源泉。

（2）应用核心能力理论解释装备产业链形成机理。

第一，装备产业链核心能力也是各种能力的复合体，决定着产业链的独特性和异质性。从事装备研制、生产、试验、使用、管理、保障等的各组织或企业的优势资源、核心能力各不相同，按照一定路径依赖（path dependency）积累构成产业链核心能力优势，产业链内各主体之间不可能在短期内相互模仿、复制其他成员的优势资源、核心能力。因此，装备产业链可以通过内部各组织或企业之间协同、合作，聚集、整合彼此的优势资源和核心能力，增强彼此在市场中的竞争能力。

第二，核心能力理论认为，企业核心能力是一种动态的能力，会随环境、时间的变化而发生变化。作为建立在核心能力基础上的装备产业链，要依据外部环境、链内资源状况以及时间的变化不断进行动态管理和调整。

第三，核心能力理论为装备产业链竞争提供指导。从事装备研制、生产、试验、使用、管理、保障等的组织或企业通过培育、开发优势资源和核心能力，并开展协同、合作，可获得装备市场竞争优势，形成逐步完善、持续发展的装备产业链。

8. 生态位理论（ecological niche theory）

（1）基本内容。

1917 年，格林内尔（Joseph Grinnell）给出生态位（niche）概念的定义，“被一个种或一个亚种所占据的最终分布单位（ultimate distributional unit）”，即通常所称“空间生态位”。1927 年，查尔斯·艾尔顿（Charles Elton）认为，“一个动物的生态位表明它在生物环境中的地位及其与食物和天敌的关系”，定义生态位为“物种在生物群落中的地位和角色”，即通常所称的“功能生态位”。

1957 年，哈钦森（G. E. Hutchinson）提出生态位多维超体积模式。他认为，生物受环境中多个资源因子的供应和限制，每个资源因子对某物种都有一定的适合度阈值。在阈值区域内的点构成的环境资源组合状态上，该物种能够生存繁衍。所有组合状态的点构成了该物种在环境中的多维超体积生态位。

物种生态位离不开特定生态环境。物种生态位是在特定生态环境中整个种群所发挥的作用和占据的地位。

生态位理论包含以下四个方面的原理：

①空间生态位原理。生态系统中亲缘关系相近、生活方式或习性类似的物种，不会在同一地方出现；如果在同一地方出现，它们会尽可能在空间分开。

②营养生态位原理。生态系统中亲缘关系相近、生活方式或习性类似的物种在同一地方出现，一定会依靠不同食物而维持生存。

③时间生态位原理。生态系统中亲缘关系相近、生活方式或习性类似的物种如果需要的是同一种食物，那么，其寻食时间一定会尽可能相互错开。

④地盘生态位原理。生态系统中亲缘关系相近、生活方式或习性类似的物种寻食时间相同，又食用相同的食物，一定会各有生存的区域或地盘。如猎豹、狮子寻食时间相同，又食用相同的食物，但它们各有各的活动区域，各有各的地盘。

没有两个物种的生态位是完全相同的，生态系统为每个物种提供了一个适应其生存、生长的特殊环境，即物种生态位。为保证生物间有序竞争，使生态系统保持一定的稳定性，每个物种在其生态位都具有一定的优势。

（2）应用生态位理论解释装备产业链形成机理。

任何事物要生存与发展，必须在所处环境中准确定位并发挥应有的作用，否则，其生存、发展就会受到环境其他要素的消极影响、制约，严重时可能导致其消亡。尽管竞争是客观存在的，但是，无论何时何地，选择竞争策略时均应尽可能避开竞争对手的制约，避免双方无谓的争夺和消耗，使竞争对任何一方都有利，竞争环境才能得以维持，竞争的动力才能源源不断。

装备产业链及其内部的研制、生产、试验、使用、管理、保障有关组织或企业，要能在装备市场竞争环境中持续生存和不断发展，必须了解国家战略、军事需求及装备建设发展需求，熟悉整个社会经济、国防经济环境和装备市场环境，准确确定自身在环境中的生态位，增强自身及装备产业链整体核心竞争力，与其他组织实现优势互补，实施差异化经营和错位竞争策略，积极寻求适合自身生存与发展的空间，尽量避免装备市场中可能出现的同质、同类、同态、同地、同时的竞争。

9. 企业进化理论（enterprise evolution theory）

（1）基本内容。

企业进化理论又称 DNA 进化理论，起源于进化经济学（evolutionary economics）。1912 年，约瑟夫·熊彼特（Joseph Schumpeter）在著作《经济发展理论》（*Theory of Economic Development*）中首次提出创新理论并用其来解释资本主义的产生和发展。他认为，资本主义经济是一个以技术和组织创新为首要特征的演化的动态系统。1982 年，理查德·纳尔逊（Richard R. Nelson）和悉尼·温特（Sidney G. Winter）的专著《经济变迁的演化理论》（*An Evolutionary Theory of Economic Change*）认为，企业具有生物相似性，企业成长也存在遗传性（惯例）、多样性（搜寻）和自然选择性（市场选择）这三个类似生物进化的机制。组织、创新和路径依赖等的进化对企业成长具有重要影响；企业成长的界限由市场环境提供，且与企业自身生存能力和增长率相关。他们通过构建模拟生物进化的企业模型来研究惯例（知识遗传和继承）、搜寻（企业适应和惯例变异）和市场选择在企业演化过程中的作用。

企业进化理论模型中，惯例代表企业长期相对不变的特征，深植于企业的一切思维和行为中，可以持续遗传和继承。惯例不仅影响企业短期思维方式和行为特征，更为重要的是决定企业的长期行为特征。惯例并非一成不变，也会受环境和随机因素的影响发生变异，进而导致企业的进化。

企业进化理论模型中，搜寻代表企业改变其现存状态的行为。搜寻与惯例紧密相关，搜寻的结果可能导致惯例的更新，也体现出企业进化的实质。通过搜寻，可以学习其他企业的惯例，或弥补不足或剔除缺陷，实现自我更新、创新和持续进化。

企业进化理论模型中，企业所处的市场环境决定着企业的盈亏、生存和发展。惯例和搜寻是企业的学习、创新、选择、决策等行为，企业行为是否正确、能否适应环境变化则是由市场环境判断，市场环境会惩罚或淘汰错误行为主体。

企业进化理论还通过需要—问题—能力行为模式解释企业进化的内在动力。企业通过对比现实状态与愿景或目标间存在的差距，进而分析弥补差距企业对资源、创造能力的需要；企业将资源、能力的需要总结、具体化为要解决的问题；企业解决这些问题的过程就是培育、提升能力和激发发展动力的过程，问题的解决就意味着需要的满足，企业愿景或目标的实现。

企业 DNA 理论将企业的发展看成生命体的成长，由诺尔·迪奇（Noel M. Tichy）提出。企业作为一种非自然生物体，也有遗传基因。企业 DNA 决定其形态、发展、变异的各种特征，也决定企业规模、类型、经营管理模式。其主要观点：企业存在的目的是成长而非利润最大化；企业生存的前提是为用户创造价值而非生产产品。

受到生物 DNA 由四种核苷酸分子构成的启发，加瑞·尼尔逊（Gary Neilson）等在著作《四基本要素决定企业 DNA》中认为，决策权、组织架构、激励机制和信息传导是决定企业 DNA 的四个基本要素。四个基本要素通过各种各样的组合形成企业的特征，从而对企业的行为、绩效及进化发展方向产生直接影响。

企业进化发展是多维、多层次的，包括：企业成长或改变，以及企业组织形式、组织结构、产权制度、边界、规模、空间(地域范围)、领域(行业)、竞争与合作能力、社会总体贡献与影响等维度的前进性变革;企业内、企业、种群和群落四个依次递进层次的进化发展。

企业发展欲望无限性与环境资源有限性之间的矛盾是促使企业进化的动力。而环境的改变是促使企业进化的外部原因。一方面,环境对企业主要通过诱导、刺激、比较、选择、评判、保留和同化等作用过程,促使企业通过主动学习、主动创新完成进化过程。另一方面,企业的进化会对环境产生的能动作用。

(2)应用企业进化理论解释装备产业链形成机理。

①装备产业链的形成是装备研制、生产、试验、使用、管理、保障组织或企业对装备市场环境诱导、刺激等作用的反应,也是各成员主体主动学习、主动创新的结果。

②装备产业链内也可以归结出决策权、组织架构、激励机制和信息传导等基本要素,这些基本要素的多样化组合决定装备产业链的特征,影响装备产业链的行为、绩效以及发展方向。

③国防工业管理部门、军方、装备产业链及其成员主体中的高层管理者可以从企业进化理论的角度研究解决国防、军队、装备建设发展和组织发展有关问题。通过检查各自体系结构、业务流程、资源状况及与利益相关者之间关系等方面存在的问题,发现体系内各阶段运行的瓶颈、不畅的环节;客观分析、诊断组织的生存、发展状况,以便采取必要措施,保证国防、军队、装备建设发展整体目标和组织发展目标的实现。

④装备产业链发展,不在规模、速度和机会把握能力,关键在于遵循"适者生存"规律,发现、培育优质基因,以抵御恶劣、多变的环境侵蚀,保证装备产业链不断成长。

⑤通过类似生物学领域的基因修饰、转基因、遗传变异、基因靶向治疗或杂交等措施可以获得装备产业链的基因变异优势,使产业链脱胎换骨、更新换代,为产业链注入新活力,使产业链焕发新生机,谋求装备产业链持续发展。

10. 基于风险的理论

由于未来环境存在不确定性,因此风险伴随企业生存、发展的过程。

戴斯(T. K. Das)和腾格(B. S. Teng)等认为在战略联盟中普遍存在绩效风险、关系风险。

受环境的变化、合作者能力的缺乏等因素的影响,战略联盟(装备产业链)无法达到预期的目标,这就是所谓的绩效风险。从产业链系统目标角度看,随着环境的日益复杂和产业链的不断发展演变,产业链内外部环境随时会发生难以预期的变化,未来事件就会存在不确定性,产业链各成员、各要素对未来事件的反应必然具有不确定性。导致装备产业链系统不稳定性、目标难以实现。从产业链系统能力或效率角度看,装备产业链系统整体能力或效率由其能力或效率最低的环节决定。如果装备产业链系统的成员、要素没有能力完成其对系统的功能或贡献,自然就成为系统中能力薄弱的环节。整个装备产业链只能跟着效率最低环节(成员、要素)的节拍运行,其他环节被迫放慢速度、降低效率,以适应效率最低的环节,这就必然造成整个产业链能力、效率低下。

战略联盟(装备产业链)的关系风险主要源于联盟内成员的道德风险。相关研究表明,70%未达预期目标的联盟是由其成员机会主义导致的,主要表现在产业链成员间的协作、技术与知识产权、激励、信用等方面。装备产业链成员以承担关系风险为代价,以弥补自身资源、能力不足。

装备产业链应对绩效风险和关系风险的措施各不相同。绩效风险可以由产业链各成员分担。关系风险只能在产业链实际运行过程中规避或防止。具体规避或防止关系风险的措施包括:一是通过产业链成员间沟通与协调。加强成员间沟通、协调联系,减小成员置产业链整体利益或其他成员利益于不顾、背弃合作关系的可能性。二是通过产业链成员间互信机制建设。构建成员间互信机制,可提高成员间信任度和宽容程度,避免成员机会主义行为,及时解决成员间出现的矛盾问题。三是通过产业链利益共享机制完善。不断完善成员间利益共享机制,合理分配产业链利益,有效规避、防止关系风险。

11. 社会网络理论(social network theory)

(1)基本内容。

社会网络理论起源于 20 世纪 30 年代,至 20 世纪 70 年代趋于成熟,20 世纪 90 年代广泛应用于企业研究领域。1952 年,拉德克利夫 – 布朗(Alfred R. Radcliffe-Brown)在《原始社会结构与功能》(*Structure and Function in Primitive Society*)中提出社会网络的概念。1988 年,威尔曼(Barry Wellman)提出,“社会网络是由某些个体间的社会关系构成的相对稳定的系统”,认为“网络”是联结行动者(actor)的社会联系(social ties)或社会关系(social relations),其相对稳定的模式构成社会结构(social structure)。社会网络行动者(actor)既可以是个人,也可以是各类组织、企业、单位,甚至是家庭。

社会网络理论分为关系要素和结构要素两个分析角度。关系要素角度的分析重点是社会网络行动者间的联结关系,通过联结的密度、强度、对称性、规模等来研究特定社会行为及其过程。结构要素角度的分析重点是社会网络参与者在网络中的位置,研究两个或两个以上的社会网络行动者和第三方之间的关系所反映出的社会结构,社会结构形成和演化模式。

社会网络理论认为,组织战略及行为受组织所处的社会网络影响。社会网络理论还认为,联盟(产业链)是以信任为基础的契约关系。信任是积极而成功联盟(产业链)产物。尽管存在成员利用对联盟(产业链)所作承诺的风险,组织仍然向联盟(产业链)承诺有价值的知识和其他资源。成员间信任对于联盟(产业链)顺利运行至关重要,联盟(产业链)必须采用必要的管理监督方式和手段,如事前契约和事后监督等,以有效防止成员的机会主义行为。

(2)社会网络理论对装备产业链形成机理研究的启示。

装备研制、生产、试验、使用、管理、保障组织或企业是装备产业链的基本组织单元,既有经济属性,又有社会属性。各主体所处的社会关系网络既影响其内部现有的资源分布,也决定其未来可控资源和获利能力,从而进一步影响未来装备市场竞争格局和相关主体的生存与发展。利用好社会网络不仅可降低装备产业链的关系风险,也降低了外部环境变化或不确定性给装备产业链带来的风险。

12. 利益相关者理论(stakeholder theory)

(1)基本内容。

利益相关者是指影响组织或者受组织影响的所有主体,通常包括组织或组织活动的投资者、供应商、消费者、员工、竞争者、社会团体、社会管理机构等。组织与利益相关者间通常签订正式文档合同或非正式协议。组织的高层管理者是组织与利益相关者签约的代理人。利益相关者存在的价值在于有助于组织目标的实现。各利益相关者所处的地位并不平等，确定各利益相关者的价值大小或对组织目标实现的重要程度是利益相关者管理的重要内容。组织与利益相关者间本质上形成的是一个协同、合作系统，组织倾向于与利益相关者联系并达成共识或共同目标，并形成一种协调各方利益的机制，以减少未来的不确定性。

(2)利益相关者理论对装备产业链形成机理研究的启示。

①利益相关者理论从另一个角度解释了装备产业链存在的理由，它使装备研制、生产、试验、使用、管理、保障的组织或单位从只关注达到狭隘的、传统的经济和财务指标转为更广泛地满足多方面利益相关者利益或需求。装备产业链成员不但是经济人，还是社会人、道德人，不仅要注重市场竞争和效率效益，更要具有人性和社会性。

②装备市场环境是由军队这一特定社会集团与各方面利益相关者复杂关系所构成，装备产业链与装备市场环境是互相依存关系。装备产业链中的组织或企业关系网络是前提，将其看作开放的系统，依赖所处的装备市场环境生存和实现目标。随着相互依赖的日益增加，装备产业链成员组织或企业的战略关系必须聚焦于更大的利益相关者群环境中。并且相互间合作战略变得更加重要，装备产业链成员应该与其利益相关者建立战略性伙伴关系。

③与利益相关者关系是装备产业链竞争优势的新来源。装备产业链成员组织或企业与利益相关者都有相同的目标支撑，即获得持久的装备市场竞争优势，保持有利的装备市场地位，从而获得较高的利润、更大的发展机会。装备产业链长期生存和发展依赖于成员组织或企业与其他成员或利益相关者网络的相互作用。与利益相关者稳定协同、合作关系有助于装备产业链及其成员组织或企业形成、保持长期市场竞争优势。装备产业链成员与利益相关者间、产业链成员间、产业链与其他联盟（产业链）间的牢固协同、合作关系是装备产业链更新、发展的前提。装备产业链成员组织或企业与利益相关者间密集的关系网络为开发装备市场和开拓发展机会提供了资源和信息。装备产业链成员组织或企业与利益相关者间良好的关系为各方带来良好商业声望和信誉，能够增加产品品牌价值和组织无形资产，为组织创造可观利益。

13. 制度经济学理论（institutional economics theory）

制度经济学理论认为：制度环境和社会规范会给组织、企业形成压力。这种压力将使组织、企业有动机按照社会规范去行动，以提高适应环境和规范的能力，尽快被环境所接受。组织、企业通过加入或形成各种协同、合作关系就是一个有效途径。组织、企业通常也会通过与其他组织建立协同、合作关系来提升其自身的规范化、制度化和创新能力。组织、企业规范化、制度化和创新能力的提升又为其加入其他新的协作、合作关系奠定基础，使其得到发展所需的更多关键资源和经验。组织、企业通过形成制度化的成果，提升自身声誉，使其声誉和整个社会与所处环境的价值相吻合。

装备产业链及装备研制、生产、试验、使用、管理、保障组织或企业通过融入整个社会经济和国防经济、装备市场环境，不仅可以提升自身声誉，实现自身社会价值，还可获得发展所需的关键资源，从而减少未来的不确定性和外界环境带来的各种风险。装备产业链是装备研制、生产、试验、使用、管理、保障组织或企业融入社会经济和国防经济、装备市场环境的具体形式之一。

14. 博弈论(game theory)

博弈论又称对策论,是研究具有斗争或竞争性质现象的理论和方法,是现代应用数学的一个分支。

策梅洛(Ernst Friedrich Ferdinand Zermelo)(1913年)、波雷尔(Emile Borel)(1921年)及冯·诺依曼(von Neumann)(1928年)先后开展了博弈论研究,冯·诺依曼和奥斯卡·摩根斯坦(Oscar Morgenstern)(1944年、1947年)对博弈论进行了系统化和形式化。约翰·福布斯·纳什(John Forbes Nash Jr.)(1950年、1951年)利用不动点定理证明了均衡点的存在,为现代主流博弈论和经济理论奠定了坚实的基础。

现代经济博弈论已成为经济分析的主要工具之一,对产业组织理论、委托代理理论、信息经济学理论等的发展发挥了重要作用。约翰·福布斯·纳什、约翰·海萨尼(John Charles Harsanyi)以及莱因哈德·泽尔腾(Reinhard Justus Reginald Selten)是在博弈论研究中成绩卓著的经济学家,并因此获得1994年的诺贝尔经济学奖。而在博弈论的应用方面有重大成就的威廉·维克瑞(William Vickrey)也与为不对称信息条件下的经济激励理论做出重大贡献的詹姆斯·莫里斯(James A. Mirrlees)分享了1996年诺贝尔经济学奖。博弈论重视经济主体之间的相互联系及其辩证关系,拓宽了传统经济学的研究思路,使得相关研究与现实市场竞争状态更加贴近。博弈论已经成为现代微观经济学的重要理论基础,也是现代宏观经济学的微观理论基础。

博弈模型按照全体局中人的支付总和是否为零,分为零和博弈与非零和博弈。根据局中人是否合作,分为合作博弈与非合作博弈。在博弈各方行为相互作用时,博弈各方如果能够达成一个具有约束力的协议,就是合作博弈;博弈各方如果不能达成一个具有约束力的协议,就是非合作博弈。装备产业链内成员组织或企业为了共同提高竞争力或分享合作带来的利益,相互间形成了具有约束力的协同、合作协议,产业链内各成员间竞争显然属于非零和博弈、合作博弈。

装备产业链形成机理和发展过程可以用博弈论来分析、解释。与博弈论中多方合作对策建立在利益分配基础上一样,装备产业链各成员间协同、合作也是基于装备市场利益分配。国防和装备建设问题需要装备研制、生产、试验、使用、管理、保障等多方协同、合作来解决,各方通过调整决策,寻求相互协同、合作,尽可能避免相互间冲突,以期达到各方共赢及利益最大化,即帕累托最优(Pareto optimality),也称帕累托效率(Pareto efficiency)。作为一种合作竞争组织,装备产业链是各成员实现各自目标和共同利益最大化的必然而有效的选择。装备产业链可以促使各成员正确处理自身、合作者、产业链、产业、军方(国家)等的利益关系。

装备产业链规则透明和各成员主体诚实守信是合作博弈各方达成协同、合作协议的基础,装备产业链规则透明同时也是各成员主体间互信的条件。装备产业链及其成员要取得信任,必须制定公开、公正的政策、制度、标准,理顺并协调产业链规则透明、主体成员间合作博弈、各主体成员诚信等方面的关系。

装备产业链形成基础是各成员主体的共赢,达成的协同、合作协议虽然未必保证各成员主体利益均等,但一定是各成员主体都能接受的。装备产业链需要从措施上、制度上解决各成员主体博弈过程中可能出现的问题,而制度的制定、措施的完善应建立在科学合理、各成员主体都能接受与共赢的基础上,而不是各成员主体各行其是、各自为政。如果不能保证各成员主体共赢,必然难以得到所有各方的支持,装备产业链就不稳定,甚至导致更多、更严重的问题与冲突。

15. 组织学习理论(organizational learning theory)

1978 年,克里斯·阿吉里斯(Chris Argyris)和唐纳德·舍恩(Donald Alan Schön)定义组织学习:诊断和改正组织错误。1985 年,菲奥尔(C. M. Fiol)和莱尔斯(M. A. Lyles)定义组织学习:通过汲取更好的知识,并加深理解,从而提高行动的过程。1993 年,道奇森(Mark Dodgson)描述组织学习:组织围绕自己的日常活动和组织文化,构建知识体系,补充知识技能以及组织例行公事的一种方式;组织通过广泛运用员工所掌握的各项技能,从而提高组织效能的一种方式。哈贝尔(George P. Huber)指出,如果信息交换时组织的潜在行为范围发生了变化,在这个变化过程中就产生了组织学习活动。

组织的一些经验性知识存在于组织制度与文化之中,隐含性强,需要通过复杂的学习过程才能在组织间转移,通常在市场中很难获得。通过装备产业链各成员组织、企业间缔结协同、合作关系,创造便于各成员间经验性知识分享、转移的环境和条件,进而更新或提升装备产业链及成员主体的核心能力,促进装备产业链目标实现和持续发展。

用组织学习理论来分析,装备产业链各成员组织、企业合作动机是获取核心能力。以组织学习为基础建立的装备产业链不是被动地适应环境,而是主动地去创造环境,因而装备产业链也更加具有生命力。围绕知识不断创新的装备产业链,能够适时地调整成员组织、企业间的关系,促进不同价值观、经验性知识和文化在成员组织、企业间的交流与融合,使之成为装备产业链及其成员组织、企业革新的推动力。装备产业链通过组织学习来积累知识资产、提升核心能力是产业链成员组织、企业间选择协同、合作而不是市场交易的重要原因之一。

3.1.2 装备产业链形成的现实因素

装备产业链形成的现实因素可以概括为外部促进和内在驱动两个方面。

1. 外部促进因素

随着我国市场经济的不断完善与持续发展,以及以现代信息技术为核心支撑的社会快速发展,国防建设和装备建设也处于军民融合和信息化、智能化发展要求的社会大环境之中。

(1)军民融合发展。

党的十八大报告提出,坚持走军民融合式发展路子,提高武器装备自主创新能力和质量效益。科学技术进步是装备产业链形成与发展的根本推动力。国家战略和军事需求是装备产业链形成与发展的直接牵引因素。自然资源禀赋、人力资源禀赋、财力资源禀赋、数据资源禀赋等资源禀赋是装备产业链形成的基础。国家产业政策是装备产业链形成的催化剂,包括引导和规制相关产业发展的政策、制度等。

装备相关产业军民融合式发展有利于形成国防工业(军)和民用工业(民)的规模经济效应和范围经济效应,充分发挥军民两方面各自比较优势,避免各自劣势。军民在科学技术和产品存在差异以及具有相似需求偏好的基础上,通过双方众多组织、企业协同、合作,即军民融合,产生规模经济效应。

范围经济效应包括领域经济效应和地域经济效应等。装备产业链不断在军民产业领域向上游拓展和向下游延伸就会形成军民融合领域经济效应。装备产业链不断向区域周边军民产业扩散就会形成军民融合地域经济效应。军民融合规模经济效应和范围经济效应可以作为量化评估装备产业链军民融合深度和广度的重要指标。装备产业链的军民融合发展要综合军民两用需求牵引，整合军民两个领域技术、资金、人才和数据等方面的资源，加速军民两用技术开发与综合应用，加强军民技术相互转化与推广利用，大力鼓励军民通用标准的制定和产品的研发。

制度经济学重要代表奥利弗·威廉姆森（Oliver Eaton Williamson）认为，对于水平一体化而言，技术复杂程度是单位市场交易成本和单位内部管理费用的主要决定因素，技术复杂程度越高，保密性越强，技术转移的规模越大，内部化收益就越高。对于垂直一体化而言，单位市场交易成本随资产专用性的增加而递增。而军民两个领域在技术、资金、人才、数据等要素方面的通用性显然可以降低单位市场交易成本。技术的军民两用性和互补性以及资产的军民通用性决定了军民融合是装备产业链重要发展模式。

从耗散结构理论的角度看，作为复杂巨系统的国防工业系统要生存、发展必须与外界（社会各产业系统、整个工业系统、民用工业系统等）进行信息、技术、物质、资金等资源交换，从无序状态逐步走向发展了的有序平衡状态。在装备产业链形成与发展过程中，要逐步实现整个工业基础的军民融合建设，彻底改变工业基础建设方面国防工业与民用工业各自为政、条块分割的状态，促进相互间的信息、技术、物质、资金、数据等基础资源的顺畅交流与共建共享。装备产业链军民融合发展，要通过积极吸收、接纳民用领域的组织、企业作为装备产业链的节点成员，获得适应社会环境发展所必需的资源。

（2）信息化、智能化发展。

现代社会信息化、智能化发展，实质是信息、智能等相关技术的快速发展及广泛应用，加之信息流动范围广、速度快，加速了全球产业的同步化、依赖性和升级换代。西方发达国家借助其强大的技术与资本实力，在全球范围内布置相关产业链，广泛收集、掠夺数据资源，加速形成全球性产业链，以攫取信息、智能等相关高新技术带来的超额利润。信息、智能等相关高新技术的发展使得有关产业链核心组织或企业的信息沟通、数据传输更为迅速及时，也使得有关产业链核心组织或企业在全球范围内寻求高水平协同、合作伙伴，使得产业链能够获得更为优质的资源，更能满足产业链及其内部组织或企业发展战略的需要。信息、智能等相关高新技术的应用，使得产业链组织或企业不受时空限制获取所需数据、信息、技术、物质、资金等资源，并在全球范围内随时随地配置资源，实施全球管理、全球运营、全球获益、全球发展。任何组织或企业加入产业链所获得的新知识、新技术、新能力均可以在短时间内在其所在的其他产业链、联盟内部迅速传递、共享。产业链核心组织或企业利用信息、智能等相关技术对产业链其他节点成员所拥有的资源进行整合、优化配置，使产业链成员间协同、合作更加高效。装备研制、生产、试验、使用、管理、保障等相关组织或企业可以借助信息、智能等相关技术的发展与应用改善经营管理过程中信息不对称状况，不仅为装备产业链形成提供可能，还会促进装备产业链的快速发展。因此，现代社会信息化、智能化发展是促进装备产业链形成与发展的重要外部因素之一。

2. 内在驱动因素

装备产业链中装备研制、生产、试验、使用、管理、保障等相关组织或企业生存与发展的目标是保证产业链及其成员主体利益、效益最大化。为了实现这一目标，各成员主体战略经营模式可以多样化。驱动装备产业链形成与发展的内在因素可归纳为价值链关联、资源互补效应、协同效应、风险降低、社会资本利用等方面。

(1)价值链关联。

迈克尔·波特认为,企业之间价值链的关联可以为企业带来竞争优势。装备产业链核心组织或企业通过与其他成员主体协调和共享价值链,形成市场竞争优势。正是由于各成员主体价值链之间存在关联性,装备产业链核心组织或企业才能利用其他成员主体的价值创造活动来增加自身及整个产业链的价值。装备产业链各成员都面临相同的最终用户(军方),为用户(军方)创造价值和服务的最终目标也是一致的。装备产业链各成员在价值创造活动中相互协同、相互合作、相互依存、难以分割,一荣俱荣、一损俱损。装备研制、生产、试验、使用、管理、保障等相关组织或企业通过形成产业链进行协同、合作,可以增加所有合作伙伴稳定的利益,增强所有成员的竞争优势,并形成相关产业新的优势、增长点。

(2)资源互补效应。

资源互补效应是组织或企业结成产业链所追求的重要目标之一,也是产业链形成的必要条件之一。根据企业资源理论和资源依赖理论,每个组织或企业拥有的资源不可能是完全一样的,只有拥有与其他组织或企业不同的资源才能形成自己独特的竞争优势,只有实现组织间资源优势互补才能形成各组织独特的核心资源。装备研制、生产、试验、使用、管理、保障等相关组织或企业结成装备产业链,通过所有资源的重组和优化配置,形成国防与装备产业相关有形资源的互补效应,增强竞争优势,提高各自及整体效益。而商誉、经验性知识等无形资源具有天然的共享效应,并不因为组织间相互使用而消耗。装备研制、生产、试验、使用、管理、保障等相关组织或企业可通过装备产业链的方式来利用其他成员的有形和无形资源,通过资源互补和共享效应来增强其市场竞争优势,提升其发展潜力。

(3)协同效应。

装备产业链节点成员组织或企业间的相互协同、合作会产生技术协同效应、经营协同效应、财务协同效应和管理协同效应等多种协同效应。协同效应的实质是成员间通过相互的合作、协同而产生“1+1>2”的效果,即整体效益大于各成员效益之和,装备产业链节点成员组织或企业协同、合作产生的效果大于各成员非协同、合作状态下产生效果总和。协同效应显然也是装备产业链形成并持续发展的一个主要因素。当装备产业链节点成员组织或企业间不能产生协同效应时,表明装备产业链内外存在冲突、危机等问题,装备产业链可能会因此解体,或者需要整合、重组。

(4)风险降低。

伴随着国防、军队改革和军民融合发展进程的推进,装备研制、生产、试验、使用、管理、保障等相关组织或企业面临来自诸多领域的各种风险。这些风险既包括国际形势、国家政策环境、国家经济环境、国防经济环境急剧变化和装备市场波动带来的风险,也包括社会环境变迁及军事科技负面影响的风险,以及自然环境变化和各种灾害带来风险等。装备研制、生产、试验、使用、管理、保障等相关组织或企业通常会通过多样化经营与风险管理活动来降低相关风险。装备产业链的形成则会通过各成员组织或企业分担总的风险,使各成员组织或企业承担的风险明显低于其未加入产业链时独自面对需承担风险。加入到装备产业链成为降低组织或企业风险的有效措施之一。通过装备产业链分散后的风险远远小于一个组织或企业独自经营需要承担的风险。

(5)社会资本利用。

装备研制、生产、试验、使用、管理、保障等相关组织或企业的经济活动离不开其所处的社会环境,作为社会经济活动的组成部分,始终融于其所处的社会关系和社会经济环境中。装备研制、生产、试验、使用、管理、保障等相关组织或企业通过参与社会经济活动、利用其相关社会关系能够降低其交易成本,还能够为其提供独特的发展机遇。社会资本作为一种特殊资源可以降低装备研制、生产、试验、使用、管理、保障等相关组织或企业寻找协同、合作伙伴及资本利用成本,促进装备产业链的形成。装备研制、生产、试验、使用、管理、保障等相关组织或企业利用各种社会关系可以较快地寻找到恰当的协同、合作伙伴,获得较低成本的资本资源。社会关系的存在还能够增强装备研制、生产、试验、使用、管理、保障等相关组织或企业信息、数据获取与收集的能力,提高所获得信息、数据的质量。社会资本被国防经济、装备产业领域利用,可以创造更多新的发展机会,促进装备产业链的形成与发展。同时,社会资本还可以通过装备产业链成员的社会关系给装备研制、生产、试验、使用、管理、保障等相关组织或企业创造新的发展机遇,因此社会资本利用从资本资源的角度促进了装备产业链的不断发展,是装备产业链形成和发展的又一重要驱动力。

3.2 装备产业链的传导机制

装备产业链各成员主体构成一个利益、风险 / 机遇的共同体,各成员主体之间在经济利益、各类风险和发展机遇等方面相互协同、相互合作、相互作用,体现为装备产业链各链环、各成员主体之间在利益、风险 / 机遇方面遵循一定的传导规律。研究装备产业链上各链环、各成员主体间利益、风险 / 机遇的传导机制,对促进其相互间协同合作、利益协调、资源共享、风险监控,并维持装备产业链健康、有序运行和发展具有理论指导意义和实践参考价值。

3.2.1 装备产业链的利益传导机制

1. 装备产业链上的利益

装备产业链各成员主体都是市场主体。在装备市场中,各主体的价值取向都是追求自身利益最大化,利润只是经济利益的一种形式。因此,利益也就成为维系装备产业链上各成员主体协同、合作关系的重要纽带。

装备产业链经济主体是装备产业链中相关经济活动参与者,总体上可归结为三个层面的经济主体,各层经济主体的组成和作用各不相同。第一层经济主体是装备产业链内产业部门,是其中同类产业组织或企业群体代表,是产业链上利益主体之一,其关注重点是装备产业链内本产业自身发展和总体收益。第二层经济主体是装备产业链内行业部门,是其中同行业若干组织或企业的集合代表,其关注重点是装备产业链内本行业整体发展和总体收益。第三层经济主体是装备产业链节点上的各成员组织或企业,是装备产业链各环节经济活动的实际直接实施者和具体组织者,也是最具活力、最具广泛性、最终直接分享利益与承担风险的装备产业链经济主体,其关注重点是自身经济利益、生存能力与发展机遇。

装备产业链利益泛指装备产业链所有主体的收益,主要包括:装备产业链的形成和发展带来的纯粹经济收益;装备产业链形成与发展造成相关产业聚集和供求关系、技术联系的稳定而获取的间接收益,如供求联系费用降低、技术获取或使用成本节约、社会资本利用成本降低等;装备产业链内部专业化分工带来的额外收益;等等。装备产业链在形成和发展的过程中必然强化内部专业化分工,其运行效率的显著提高必然给装备产业链及其主体带来额外利益或效益,进而促进装备产业链的持续利益传导和发展,形成良性循环。

2. 装备产业链上的利益传导过程

装备产业链各个环节、各节点、各主体的利益分布通常不可能是完全均等的。一些环节、节点、主体的利益相对较高,如科技含量高的装备产业链环节;另一些环节、节点、主体的利益则相对较低,如传统机械加工环节。

装备产业链环节、节点、主体在自身利益目标驱动下,天然具有通过进入或退出市场竞争的方式拉平各环节、各节点、各主体利益水平的内在冲动、趋向。实际表现为装备产业链环节间、节点间、主体间的利益传导,这一传导过程将整个产业链各环节、各节点、各主体连结成为一个联系密切、利益分享、风险共担的综合体。

装备产业链通常也是以特定方式进行利益传导。根据市场经济主体追求利润最大化的假定,装备产业链各环节、各节点、各主体更加倾向于选择加入利益相对较高的产业、行业、部门而退出利益相对较低的产业、行业、部门,装备产业链各环节、各节点、各主体通过竞争使得利益趋于均衡化。

3.2.2 装备产业链的风险 / 机遇传导机制

1. 装备产业链上的风险 / 机遇

风险 / 机遇与利益共生共存、密不可分。利益高时存在的风险 / 机遇一般也相对较高,利益低时存在的风险 / 机遇一般也相对较低。

单个组织或企业加入某一产业聚集体、综合体、联盟或装备产业链之后,其面临或承担风险相对于其独立时会低得多,而其面临的机遇却要相对多得多。而风险实质上始终存在,而且总的风险程度也未降低,总的机遇似乎也并没有明显增多。基于此,装备产业链风险主要包括所有主体共有风险(community risk,CR)和单个主体自身风险(self risk,SR)。单个主体一般面临自身的经营风险(operational risk,OR)、财务风险(financial risk,FR)、技术风险(technical risk,TR)、市场风险(market risk,MR)等。装备产业链上诸环节、节点、主体的风险 / 机遇存在一定的差异。

2. 装备产业链上的风险传导

装备产业链内各环节、各节点、各主体总是力图规避、降低可能出现的各种风险。一是努力规避、降低经营、技术、财务和市场等方面的自身风险;二是努力避免其他相关环节、节点、主体的风险向其传导,尤其要努力避免上游环节、节点、主体风险向其传导。

装备产业链的风险传导主要包括递次传导、整体传导两种方式。递次传导,是指风险从上游诸环节、节点、主体递次地传导到其下游各环节、各节点、各主体。整体传导是指整个产业链群体面临的技术、经营和市场风险等几乎同时作用于产业链各环节、各节点、各主体。

第4章　装备产业链模型

装备产业链模型是深入研究装备产业链运行机制、管理方法的基础。本章主要从我国的国防科技工业实际出发,分析装备产业链模型构建的基本依据,详细阐述装备产业链企业维、技术维和价值维模型,总结提出装备产业链的发展动因与整合优化方式。

4.1　装备产业链模型构建依据

4.1.1　我国国防科技工业体系结构

我国的国防科技工业在建设之初,是专门用以研制生产武器装备、军用器材与物资的独立而封闭的系统。国防研制生产体系较为完整,门类较为齐全,成功研制生产了一大批武器装备,保障了部队作战、训练和战备的需要,为提升国防实力、保卫国家安全、促进社会经济发展做出了突出贡献。在改革开放阶段,国防科技工业进行了体制改革,不断适应市场经济发展要求,充分发挥技术辐射和经济引领作用,在确保国防建设任务完成的同时,支撑了国家经济建设的稳步发展。尤其近些年,我国国防科技工业快速发展,对于增强国防实力、增加社会就业、推进技术进步、完善产业结构、优化经济布局、促进国民经济发展和提升国家整体实力等都发挥了重要作用。

1. 产业布局

由于国防科技工业是国家战略性产业领域,国家一直通过政策、资金等方面的投入,引导和扶持相关产业的发展,逐步建成了门类齐全、相对独立而完整的装备科研生产体系,形成了航空、航天、船舶、兵器和电子等大的行业以及民口重点协作配套和动员生产线(地方组织、企业)。产业结构反映了国防科技资源的布局、国防工业结构和整个国家装备产业体系的发展方向,也反映了国家科学技术与工业的发展方向。

2. 军民结合与军民融合

过去一段时间,我国国防工业领域坚持“军民结合、寓军于民”的发展方针,逐步走上军民融合发展之路。期间曾实行军转民政策,军工企业生产的民品涉及信息、通信、能源、交通运输、医疗卫生、工程建设等主要国民经济领域。产品不仅满足了广大社会市场需求,并且已经成为国家和某些地区经济发展的强大支撑。军民结合体系基本形成后,军工企业民品销售收入持续增长。国防工业正突破思维定势、打破固有发展模式,完成了由单一军品、军民品分离结构向军民技术与产品复合结构的战略性转变,在军民融合发展方面迈出了卓有成效的一步。目前,我国正朝向军民融合深度发展之路稳步前进。

3. 技术水平和科研生产能力

国家始终重视对国防科技工业的投入,加大对尖端武器装备的研制开发力度,加速了装备更新换代和向高新技术领域的拓展,装备整体技术水平持续提升。国家不断加强装

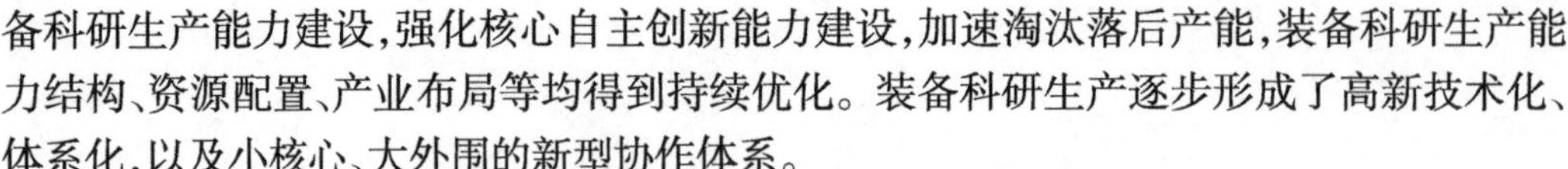

备科研生产能力建设,强化核心自主创新能力建设,加速淘汰落后产能,装备科研生产能力结构、资源配置、产业布局等均得到持续优化。装备科研生产逐步形成了高新技术化、体系化,以及小核心、大外围的新型协作体系。

4.1.2 我国国防科技工业发展中存在的主要现实问题

1. 计划经济模式与市场经济要求不相适应

经过改革开放以来的发展,我国社会主义市场经济体制已经逐步完善,国防科技工业部门市场取向的改革不断推进。但是,国防科技工业系统在装备的研制生产方面仍然带有强烈的计划经济色彩。十大军工集团在宏观管理、企业管理、装备研制生产等方面还未完全适应社会主义市场经济要求,体现市场经济要求与特点的现代企业制度仍然没有完全建立。国防科技工业企业管理仍然以行政手段为主,市场机制的作用没有得到完全发挥。由于长期受计划经济的影响,军工集团和政府之间的行政隶属关系一时难以改变,军工企业等、靠、要的惯性思维仍然存在。政府主管部门和军工集团对企业的行政管理体制使得军工企业难以建立现代企业法人治理结构。另外,由于装备市场领域投资主体相对单一,军工企业还不完全是市场利益主体。这种情况下,军工集团为了维护自身利益,出于自身生存与发展的需要,必然采取各种手段规避竞争、排斥竞争,以维护自身利益和维持垄断地位。

2. 自我封闭与社会分工要求不相适应

社会分工越来越细、社会组织或企业间的联系越来越紧,是现代科学技术和社会经济发展的一个显著而典型的特征。细化社会分工有利于市场各主体扬长避短、避害趋利,发挥社会整体效益与各主体的比较优势;能够将市场各类主体联系起来,促进资源的合理流动和高效配置。因而,产业链、价值链、供应链、产业集群等产业发展模式应运而生。虽然对国防科技工业产生一定的冲击,但是国防科技工业体系仍然没有摆脱“大而全”“小而全”的建设发展模式。虽然国防科技工业体系形成了纵向一体化发展趋势,仅在系统内部或系统之间发挥有限作用,但与社会资源仍然相互隔绝,很多民用领域先进的技术成果还不能及时用于国防领域,影响了社会和国防资源的合理流动、有效配置和利用。

3. 军工能力发展与军事需求不相适应

实际上也是上面两个问题的突出表现。国防工业领域具有浓厚的计划经济的色彩,而民用工业领域则以市场经济为主,二者在体制上的不匹配,不仅阻碍了二者工业基础的融合,而且阻碍了二者主体之间的公平竞争。国防工业领域搞“大而全”“小而全”的自我封闭发展模式,而民用工业领域社会化程度则相对较高,存在着国防工业相对封闭与整个社会开放协作要求之间的矛盾。我国的国防科技工业在军工产品研制生产能力结构和水平方面经历了三次重大调整。通过逐步调整和淘汰一批落后生产能力,装备科研生产核心能力进一步强化,放开了一些一般共性的能力,国防科研生产能力结构、资源配置和产业布局大幅度优化。但是目前国防科技工业在保证满足军事需求方面的能力相对不足的问题还没有得到彻底解决,暴露出的军工企业自身能力与军事需求之间的矛盾,表现在量上是与一般民用工业类似的产品生产能力过大、效率相对低下,表现在质上是军工核心技术能力、生产水平相对偏低。国防科技工业通用、共性生产能力闲置率高,资源配置不合理,不能充分利用民用工业能力来弥补核心能力不足,使得军工企业能力发展与军事需求之间的矛盾更加突出。

4.1.3 国防科技工业现实问题对装备建设的影响

1. 装备建设普遍存在“拖”“降”“涨”现象

以上现实问题的存在，对军事需求的有效满足产生了不利影响，在装备性能、进度、成本三个方面最终表现为拖进度、降性能、涨价格。

从装备性能看，由于国防工业与民用工业相对隔绝，国防工业部门主要依靠自身力量来完成装备研制、生产、保障和技术服务等任务。在装备全寿命过程中，难以利用民用领域的先进设备、充足资金、成熟技术和拔尖人才等优势资源。国防工业领域资金、设备、技术和人才的局限，一定程度阻碍了装备建设质量和效益的提高。

从装备进度看，由于国防工业与民用工业相互隔绝，装备的研制只能依赖相对封闭的国防科技工业体系独立地、按部就班地完成从基础研究到预先研究再到型号研制的整个过程。民用领域已有的先进适用的科技成果难以迅速转为军用，由此造成重复研究以及研究过程相对迟缓。特别是由于激烈市场竞争，民用工业领域技术创新的动力和压力强劲，技术进步的步伐和技术更新周期快于国防工业领域。在美国，装备的采办周期一般在15年左右，而民用领域技术进步的周期仅为3~4年。国防工业领域如果还是封闭起来搞研制，势必严重拖延装备更新换代和形成作战能力、保障能力的步伐。

从装备成本看，国防工业不能充分利用整个国家工业基础及民用工业基础，造成出现工业基础领域重复投资、重复建设，浪费本就有限的国防资源和大量的社会资源；军、民工业领域建设与运行长期分割状态，也阻碍国防工业与民用工业之间以及整个社会细化分工与协作，直接影响着装备相关国防资源利用效率和装备建设质量、效益；某些工业基础只服务本产业部门的组织或企业，严重限制了其发挥作用范围拓展和规模经济效应的形成，削弱了工业基础建设的整体优势和应有的社会、军事、经济等综合效益；有限的国防资源零星分散到国防科研、生产等的各个环节、各主体，难以形成整体优势和能力聚集效应，也阻碍了国防工业整体发展水平和效益的提高，必然造成装备成本、价格居高不下。

2. 装备竞争市场难以形成

我国国防科技工业在产业布局上虽然体系完整、门类齐全，但军工集团基本都是纵向一体化的装备型号研制生产组织形式和配套模式。各军工集团在装备的研制生产方面存在明显专业分工侧重点不同、相互间交叉项目少等问题，不仅限制了集团之间在装备型号研制生产层面的竞争，使得装备型号研制阶段、生产阶段、系统集成阶段缺乏竞争主体，难以形成有效竞争；而且限制了分系统和零部件等层次配套方面的竞争，造成各集团在所从事领域的垄断状态。同时各军工集团出于自身利益考虑，利用先天优势在集团内部和行业内部采取行政干预、交叉补贴等方式，加深了垄断格局。

从全球范围来看，受装备需求波动影响，国防科技工业中的企业要生存，行业要发展，集约化经营成为必然选择。通过集约化经营可以大幅提高装备资源配置效率，优化装备相关产业结构，产生规模经济效应。例如，20世纪90年代开始，随着国防订货的大幅下滑，美国军工相关企业进行了大规模的兼并重组。2000年之后，形成洛克希德·马丁、波音、雷神、通用动力和诺斯罗普·格鲁曼5个跨军种装备、跨平台的国防工业公司。

美国之所以这么做，是其拥有较为完善的装备竞争市场。为了进一步提高装备效益，降低成本，在市场导向下进行了全社会装备产业相关资源的整合，在保持必要的竞争格局条件下，满足了企业利益的要求，促进了企业的发展，国家和军方也都一定程度从中受益。

长期以来，我国装备型号研制单位和系统级生产企业缺乏竞争主体，“军转民”虽然取得了显著效益，但在“民参军”方面依然是举步维艰；军工集团管理模式也不是行业管理而仍然是行政管理为主。在这种情况下，盲目效仿国外，进行企业兼并、资产重组，名义上是优化产业格局和实现规模效益，实质上，更是进一步减少了竞争主体，不可避免地加剧了装备市场垄断，军工企业短期受益，装备建设质量、效益提升缺乏动力，国家和军方利益难以保障。一方面直接影响装备长期稳定发展，另一方面军工企业的长期发展缺乏后劲与稳定保证，最终必然会品尝垄断带来的苦果。

4.1.4 国防科技工业发展基本趋势

1. 坚持军民融合深度发展模式，提升军工企业核心能力

走中国特色军民融合国防科技工业发展路子，必须不断完善国防科技工业体制和装备采购体制。军民融合发展模式的核心内涵就是把国防工业体系和军队装备体系现代化建设融入国家国民经济、社会发展整个大体系中统筹，使经济建设与国防建设互为支持、相互促进。调整和改革国防科技工业体制，是提升各市场主体自主创新能力、增强军工企业核心竞争力的必然选择。

以美国为首的西方发达国家，在国防产业发展中始终坚持军民融合的发展思路，其装备建设所依靠的强大的国防工业体系，同时也是国家经济和民用技术及产品的引领者，并且已经形成军民一体化、相对完善的装备研制、生产和保障体制。

我国正在建立和完善国防科技产业“小核心、大协作、军民融合”的新型科研、生产体系，在改造与提升核心能力的同时，进一步深化体制改革，发展军民融合产业，加大军、民领域高新技术相互扩散、转移和产业化力度，辐射、引领和带动国民经济和整个社会发展。同时，深化国防科技工业的军民融合式发展将更加注重装备产业发展和装备产业链拓展，并且各类军民产品不断向高技术和高附加值方向发展，加速提高装备产业技术水平，持续优化国防相关产业全社会布局。

2. 引入民企参与装备市场竞争，打破军民分割市场格局

我国现代化国防科研、生产体系已经取得长足发展，初步形成了以国防科技工业体系为基本依托的装备产业链，在新材料、新技术、新产品的开发以及工艺创新等方面，与世界发达国家之间的差距正在逐步缩小。一批核心科研机构和重点实验室已经建成，装备科研基础设施与条件得到显著改善，国防工业基础保障能力明显提升，形成了较为完备的装备总体设计、系统集成、规模化生产、专业化协作和社会化配套的装备科研、生产与保障体系。随着科技进步和社会经济发展，众多对国防至关重要的高新技术领域，如电子、信息、通信、计算机、材料、能源等领域，已经形成由民用工业和市场推动发展的态势。民用工业研发投资的持续快速增长和现代科技飞速发展，为装备的研制、生产和保障提供了先进技术储备和雄厚工业基础；民用技术以其在一些高新技术领域的先进性和快速创新优势，在军事上具备广阔的应用前景。因此，国家正在通过开放装备市场，引入竞争机制，加快民用工业企业和技术进入国防建设领域的步伐，加速我军装备建设发展，提高装备建设质量、效益。

为贯彻落实国防战略规划与发展方针，政府和有关部门相继制定出台了一系列政策法

规,其中针对军工企业的有关政策法规约 34 项,针对民品企业的有关政策法规约 19 项[35]。这些政策法规的制定逐步清除了民品企业和民营经济参与装备市场竞争的政策性障碍,还有一些的新的法规仍在不断制定和完善中。因此,以国防科技工业集团为核心,积极引入具有特定能力和优势的民用高新技术企业,大力扶持和培育装备市场竞争主体,打破军民分割的装备市场格局,逐步形成以全社会资源为背景,融合多种类型经济主体,是我国国防科技工业和装备产业发展的方向。

3. 突出装备相关产业集群发展,形成区域资源特色优势

产业集群是产业发展过程中的一种地缘聚集现象,通常在一定区域特定产业内,由众多分工合作、不同规模、不同等级的企业以及与其有关的机构或组织等,形成的集合体。国家“三线”建设时期奠定了我国国防科技工业的地域性分布基础。近年来,随着整个国民经济和一些地区经济的迅猛增长,在国家的大力支持下,利用一些地区的地域优势、技术资源优势和产业优势,许多地区的企业开始以产业园模式形成产业集群,例如建立在西安高新技术开发区的西安航空产业园,贵州的贵阳与安顺两个航空产业集群等。通过产业园区聚集大量装备科研、生产技术与人才,国家级和省部级技术创新中心、工程协作中心、成果转化基地以及各类研究开发机构,形成较为完整的装备科研、生产与保障体系,为我国现代装备产业链形成和发展奠定了牢固基础。

4.2　装备产业链的三维模型

装备产业是一个典型的技术、资金、劳动密集型产业,产业内各组织或企业之间存在着既相互依存又相互竞争的关系。本节提出装备产业链的企业、技术、价值三维模型,如图 4–1 所示,包括:由装备全寿命各阶段的多个产业层次,以及各层次细化产生的分工明确、专业化生产的企业构成的企业维度;由围绕装备产品研制与生产的各类关键技术、设计方案、工艺规范、标准体系构成的技术维度;由装备全寿命过程中企业通过分工协作、技术整合,开展的研制、生产、保障等装备价值创造活动构成的价值维度。

装备产业链的企业维度反映了企业间的关联关系与程度。现代化装备是系统庞大、结构复杂的作战体系,包括主战武器系统和与之配套的保障装备系统,装备产品涉及众多学科门类,科技含量高、品种多数量大、系统性和配套性强,涵盖的行业和专业众多。一种装备系统通常需要遍及全国各地的数以百计的企业协同生产。装备产业链成员组织或企业间的关联程度,反映出各成员在产业内纵向上下游供需关系和横向合作与竞争关系。关联程度越大,产业链环节间关系越紧密,资源配置效率也越高。装备产业链在企业维度链条的末端是装备用户,即军方。

装备产业链的技术维度反映了产业链上每一个细分领域的专有技术以及技术间关联性,是产业链形成的前提和必备条件。与所有产业情形类似,装备产业所需的技术都是由若干不同且与产品直接相关的技术所构成的技术链,既包含装备关键核心基础技术,又包含更多的与装备规模生产、保障等相关的通用商业化技术。装备产品是多种技术有机结合的结果和产物,各种技术之间有些存在前后衔接和支撑的关系,也有些之间是相互平行、相互补充的关系。对于装备产业链的技术维度来说,各种技术及技术体系的完备性是产业链形成的必要条件,而产业链各节点的不同技术特征将决定该节点企业产品的价值

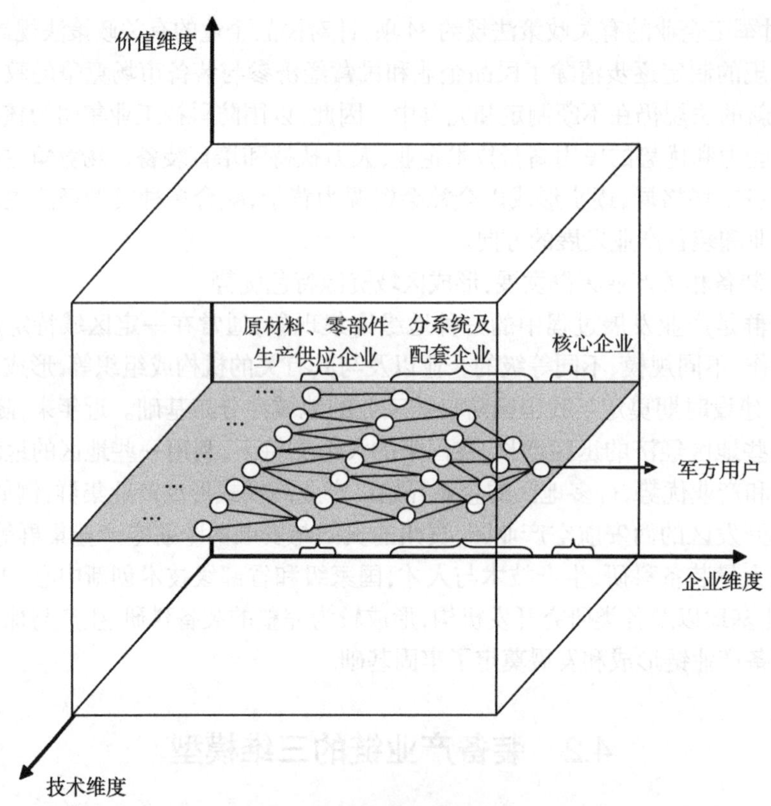

图 4-1　装备产业链三维模型示意图

增值。产业链技术维度技术含量和技术水平的分布状况决定产业链核心环节、节点(主导组织或企业)和价值分布。

装备产业链的价值维度反映了企业维度和技术维度的综合协同效应的价值体现。处于产业链不同节点的企业价值创造机制通常是不同的。有的企业处于产业链关键环节,例如武器系统研制的总承包企业,其拥有的关键技术属于主导技术,技术的可复制性很小,因而该企业应成为产业链的核心环节,其创造的产品附加值相对要高,甚至是少有竞争的寡头垄断企业;有的企业处于装备产业链的上游环节,为装备的关键分系统和总装总成企业提供原材料、元器件、零部件等,技术不具隐蔽性,产品市场化程度相对较高,竞争对手多,其产品附加值也相对较低。因此,在装备产业链上围绕装备研制、生产过程的价值分布是不均匀的,装备研制、生产过程中的价值转移和价值创造,以及价值的增值等过程构成装备产业链的价值维度的链条。装备产业链价值增值反映产业链整体核心竞争力的水平,也是用户对装备价值目标的需求。

4.3　装备产业链的发展动因与整合优化方式

4.3.1　装备产业链的发展动因

装备产业是国家战略性产业,军事需求是推动装备产业发展的主要动力。因此,装备产业链的发展以军事需求为牵引,通过政策引导、能力驱动,实现装备资源的优化配置和装备建设目标的高效实现,这与民品行业产业链以市场机制调节和利益驱动为主要动因有着显著的区别。

1. 需求牵引

装备产业链的形成与发展,离不开军事需求的牵引,这是装备产业链形成的直接动因。2002 年,国防科技工业系统结束了 8 年连续亏损的局面,实现了扭亏为盈,原因来自多方面。有体制改革、加强管理、激发主体活力,也有下放部分亏损企业到地方。例如,采取“破产、改制、剥离企业办社会”等措施,将国有军工企业从近 500 个减少到 152 个,从业人员由 150 万减少到 50 万以内[90]。但是,军事需求迅速扩张则是其中最重要的原因。

2004 年 6 月,中央军委依据战略形势的发展变化和国家战略的总体要求,对 1993 年 1 月制定的新时期军事战略方针进行了充实和完善,提出新世纪新阶段军事斗争准备的目标:立足于打赢信息化条件下的局部战争。在这个方针指导下,国家加大了装备采购及研制投入的力度,我军装备建设进入了一个快速、跨越发展的崭新时期,速度之快,成果之显著,举世瞩目。

因此,军事战略方针、军队未来作战目标和装备发展需要等军事需求,对于推动国防与装备领域的科学技术进步,实现国防与装备相关产业结构的优化与升级,打造具有核心竞争力的装备产业链具有强有力的直接牵引作用。

2. 政策引导

国家和地方政府的产业政策在装备产业链的发展中起着引导、激励和约束作用,直接影响并在一定程度上引导着装备产业的发展方向,促进装备产业结构和产业组织形式调整。这也是产业链形成的外部动因之一。

政策是产业发展的“方向盘”。装备产业政策的制定和完善,可以使得装备产业链各节点企业和用户在市场规律作用下合理利用资源,引导相关企业选择、进入装备产业链,并使其在培育核心竞争力方面投入更多的资源,最大限度地创造产业链价值和提高用户所需装备的价值。同时,政策也是产业发展的“发动机”。通过制定相关政策营造有利的市场环境,调动各方主动性和积极性,在经济利益、发展利益和社会影响力的诱导下,激发企业参与装备市场竞争的信心和创新的活力,从而实现提高用户追求的军事效益和企业追求经济效益的双重效应,实现多方共赢。

政策在装备产业链发展过程中对企业经营行为和军方采购行为还起着约束作用,是保障国家利益不受损害的“防火墙”。例如,对于国家和军队机密的保护、国防知识产权的保护与使用、产业资源的有效配置与合理使用、军方优先权的保证、装备产品和技术交易主体监督等方面都需要强有力的政策保证。

3. 能力驱动

产业链是实现产业价值增值的重要途径之一,产业链发展的内部动因是各主体价值创造和产业链价值增值。装备产业链是一个复杂的网络式产业生态系统,具有动态性、开放性、自组织性等复杂系统特征。在整个产业链运作过程中发生着频繁的交易,包括物质的、信息的、能量的交换,以及在科技进步和技术创新促进下的知识交换。通过这些复杂的多重交换,产业链逐步演化、发展,最终形成复杂的竞争与合作关系,并且创造和增加着装备及产业价值。装备产业链各节点组织、企业通过竞争,优胜劣汰,以有效的竞合战略实现整个产业链的目标。装备产业链各节点组织、企业合作的目的是实现“1+1>2”的效应,这种效应给组织、企业带来的将是稳定的市场、丰厚的利润,特别是组织、企业竞争实力、技术创新能力和抵御风险能力的显著提升。

因此,能力驱动相比单纯的利润驱动对企业更加具有吸引力。能力要素中的竞争实力、技术创新能力和抵御风险能力,共同构成装备产业链形成与发展的内部动因。这也是装备产业链与一般传统制造行业产业链的不同之处。外部技术创新通常是传统制造业产业链的外部驱动因素。而军事需求与科学技术的双重拉动作用、装备产业的高技术含量特征以及主导企业的研发生产一体化组织结构,使得装备产业链由非外部技术创新而导致产品组合与企业组合发生变化,恰恰因其内部主导核心技术的创新和突破驱动着产业链结构调整和装备产品升级。

4.3.2 装备产业链的整合优化

1. 整合优化动因

社会分工与协同合作促进产业链的形成,社会分工将生产活动分解为一系列单元,这些单元不仅分布于生产的不同环节中,而且涉及的领域不尽相同。在市场交易机制的作用下,产业链不断发展,进一步细化分工与深化协同合作,持续促进产业链发展。

通过对我国国防科技工业体系结构和未来发展趋势的分析,可以看出我国的国防科技工业在深化体制改革、优化产业结构、加速军民融合深度发展的过程中,已经开始重视装备产业链的拓展实践和探索,并且在现有体系结构的基础上结合区域优势,发展规模化经营,形成以集团为核心、以装备型号项目为主线的纵向一体化产业链发展趋势。但是这种产业链趋势还是一种集团行为,是以军工集团内部企业为主向产业上游逐步延伸,节点企业相对固定,缺乏充分竞争,加之用户的唯一性,军工集团在装备产业链的价值分配上占据主导地位。因此,军工集团出于自我利益保护的本能,常采用行政干预、内部控制、交叉补贴等手段,将附加值低的环节赋予集团以外的企业或组织,或将一些行业外的竞争对手排除在外,在客观上加剧了行业垄断和集团垄断现象。

产业链整合优化的根本动因是竞争。图 4–2 和图 4–3 分别表示装备预先研究、装备研制与生产阶段企业间竞争与合作的开放性关系。由图可以看出,预先研究技术应用目标越具体,型号背景越明确,竞争与合作范围越小;型号研制技术集成度越高,竞争与合作范围越小。竞争对手少、合作范围小的技术在装备产业中处于核心技术主导地位,也是装备产业的稀缺资源。

由于装备产业核心技术资源的稀缺性、有限性,装备产业在通过技术协同合作挖掘内部核心技术资源的同时,更为重要的是必须关注和寻找外部技术协同、合作的潜力,最终从装备产业链层面寻求产业更大发展机遇,整合全社会优势资源形成整体优势,从而构建军民融合的装备产业链,只有这样的装备产业链才能够在发展中不断提升竞争实力和综合能力。

2. 整合优化基本方式

装备产业链的发展是一个动态过程,核心是产业链及各节点的效率和效益不断提高。从社会分工的角度看,装备产业链整合优化是运用市场手段对产业分工的重新组织。因此,装备产业链整合优化可以归纳为纵向一体化、横向一体化和产业融合三种基本方式。

装备产业链整合在价值、企业、技术各维度的具体表现是结构重构、资源重新布局，三种整合优化方式将引起三个维度及关键要素的变化，如表 4-1 所示。

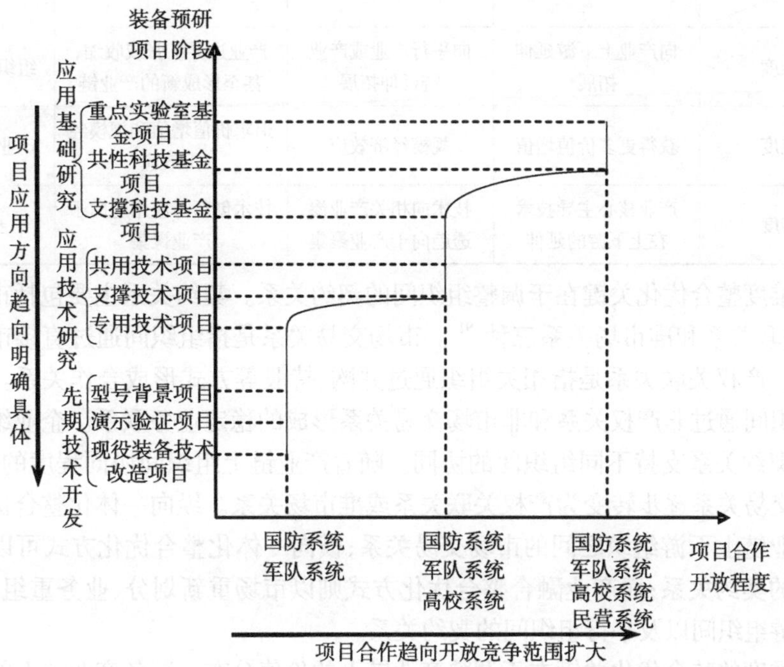

图 4-2　装备预先研究阶段企业竞争与合作的开放性关系

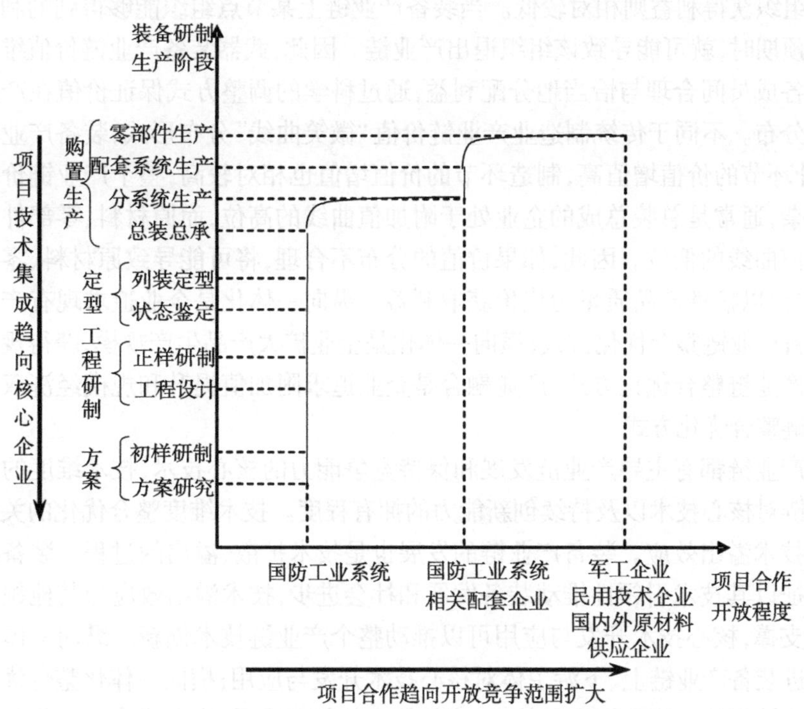

图 4-3　装备研制、生产阶段企业竞争与合作的开放性关系

表 4-1 装备产业链整合优化方式及要素

维度 \ 方式及要素	纵向一体化方式	横向一体化方式	产业融合方式	关键要素
企业维度	向产业上下游延伸拓展	向平行产业或产业链延伸拓展	产业边界扩张或收缩，甚至形成新的产业链	组织间契约关系
价值维度	获得更多价值增值	规模经济效应	追求价值增值和规模经济效应	产业链价值分布
技术维度	产业核心主导技术在上下游的延伸	技术向相关产业渗透趋向于产业聚集	技术创新与应用趋向于产业聚集	技术标准

企业维度整合优化关键在于调整组织间的契约关系。契约关系主要包括市场交易关系、产权关联关系和准市场关系三种[91]。市场交易关系是指组织间通过直接市场交易产生的联系。产权关联关系是指相关组织通过并购、持股等方式形成合作关系。准市场关系是指组织间通过非产权关系和非市场交易关系形成的稳定业务联系。企业维度的重构通过不同契约关系支持不同组织间的协同。随着产业链上组织间协同程度的提高，组织间由市场交易关系逐步转变为产权关联关系或准市场关系。纵向一体化整合优化方式可以改变产业链上下游组织之间的市场交易关系；横向一体化整合优化方式可以改变平行组织之间的契约关系；而产业融合整合优化方式则以市场重新划分、业务重组与再分工，改变上下游组织间以及平行组织间的契约关系。

价值维度的整合优化关键在于调整产业链上的价值分布。装备产业链上的利益分配普遍不平均，主导组织占据强势地位，其利益通常会超过整个产业链的平均水平。处于从属地位的组织获得利益则相对较低。当装备产业链上某节点组织能够得到的利益过低或达不到其预期时，就可能导致该组织退出产业链。因此，武器装备产业链价值维度整合优化应当在各成员间合理与恰当地分配利益，通过科学的调整方式保证价值在产业链上较为合理地分布。不同于传统制造业产业链价值“微笑曲线”分布形式，装备产业链在装备研究、设计环节的价值增值高，制造环节的价值增值也相对较高，整个产业链价值分布相对比较复杂，通常是总装总成的企业处于附加值曲线的高位，而原材料、零部件供应商则处于附加值曲线的低位。因此，如果价值的分布不合理，将可能导致原材料、零部件供应商、配套单位以牺牲产品质量为代价获取利益。纵向一体化是企业追求现有产品附加值提升的装备产业链整合优化方式；横向一体化是企业扩大产品生产规模，获得规模经济效应的装备产业链整合优化方式；产业融合是企业追求附加值提升和规模经济双重效应的装备产业链整合优化方式。

每个产业链都有主导产业链发展和保持竞争能力的核心技术，技术维度的整合优化体现产业链对核心技术以及持续创新能力的拥有程度。技术维度整合优化的关键是技术的衔接和技术溢出效应。装备产业链的发展也是技术扩散、溢出的过程。装备产业链的高技术特征以其技术引领性推动装备发展和社会进步，技术溢出效应为其他领域的发展提供技术支撑，核心技术开发与应用可以推动整个产业链技术创新。纵向一体化整合优化方式促进装备产业链上、下游主体对核心技术开发与应用；横向一体化整合优化方式促进装备产业链相关主体之间先进技术、成熟技术的相互渗透；产业融合整合优化方式则推动整个装备产业链对相关技术的创新和突破。

第5章　装备产业链不确定性

不确定性是复杂系统的重要特征之一。装备产业链本身就是一个复杂的自适应社会系统,因此装备产业链必然存在不确定性。特别是在战争条件下,复杂多变的国际局势,以及瞬息万变的战场环境,使得装备产业链的运行环境更加难以预测和控制。装备产业链的不确定性影响因素是客观存在的,主要表现在需求、供应、环境三个方面,加上装备产业链结构复杂性的影响,不确定性像"瘟疫"一样在整个装备产业链网络中传播,经过一系列层级、节点间传播,偏差与误差叠加放大,不确定性成倍增长,在一些临界点上造成巨大的影响,甚至产生"蝴蝶效应"(混沌现象),即呈现对初始条件依赖的敏感性。装备产业链初始条件或环境的一些小的变化可以放大,最终形成大的、难以控制的变化,即小的量变最终引发质变,出现"一荣俱荣,一损俱损"的极端情况。

5.1　不确定性与相关概念的界定

不确定性是指当引入时间因素后,事物的特征和状态不可以被充分地、准确地加以观察、测定和预见。引起系统不确定性主要有两方面的因素:复杂性和快速变化。复杂性带来信息的膨胀和要素之间关联关系的模糊性;快速变化使得系统决策难以跟上变化的速度。本书主要讨论客观不确定性。不确定性存在于装备产业链系统内部或外部,对装备产业链有直接影响,是通过努力可以控制的不确定性,主要是由系统及环境变化的混沌性、非线性、突变性决定的。

5.1.1　不确定性与随机性

随机性是偶然性的一种形式,是指在基本条件不变的情况下,具有某一概率的事件集合中的各个事件所表现出来的不确定性,是因果律的破缺而造成的不确定性。随机性是可以掌握的,大量重复出现的随机事件有其整体性统计规律,支配着随机性系统的状态。通常利用现代数学的概率论与数理统计等方法对随机事件、随机抽样、随机函数、随机变量等进行研究,相关研究成果被广泛应用于自然科学、社会科学和工程技术之中。

随机事件的主要特点:可以在基本相同的条件下重复出现;在基本相同的条件下可能以多种方式表现出来,但事先不能确定它以何种特定的方式发生;能事先预见事件以不同方式出现的所有可能性,预测其在重复过程中出现的频率。

随机性在装备产业链的各个环节及整个运行过程中是普遍存在的,如偶然的袭击破坏可能对战时装备生产、保障活动的影响等。

5.1.2　不确定性与模糊性

模糊性指事物类属的不确定性,即事物所呈现的"亦是亦非"抑或"似是而非"的特性,是排中律的破缺而造成的不确定性。模糊性产生的原因主要有:内在的模糊性,是指由于客观事物的中介过渡性而引起划分上的不确定性;信息的模糊性,是指在复杂系统中因各种因素交织在一起而产生的模糊性;主观的模糊性,是指由于认识主体在性格、职业、年龄等方面的差异而引起的事物划分上的不确定性。这三种模糊性常共存于同一系统中。显然,模糊性普遍存在于产业链的各个环节及整个运行过程中。

模糊数学是研究现实中许多界限不分明问题的数学工具,其基本概念之一是模糊集合。利用模糊数学和模糊逻辑,能处理模糊性问题。

5.1.3 不确定性与混沌

混沌是一种无序状态,此时事物在没有规则的情况下运行。混沌主要有三种情况:一是因为知识限制,缺乏对事物运行的控制能力,没有对事物制定规则,导致没有规则;二是虽然有规则,但是因为多种原因,规则失去了效力,没有能够对事物运行提供约束力;三是规则内部出现冲突,使事物如果遵循规则运行,则面临动荡调整。因此,混沌主要是针对规则、秩序而言的。不确定性和混沌之间并不是等同的。一方面,混沌可以是导致不确定性的因素,因为事物运转无序,人们很难对事物运行的轨迹作出判断。然而,混沌并不一定导致不确定性。混沌可以产生两种确定的结果,一种是最终导致失去控制;另一种是出现规制的力量,使事物走上正轨,这就是混沌导致有序的耗散结构理论。另一方面,不确定性不一定就是混沌。由于混沌理论还有一些重要的基本问题没有解决,同时不同领域的研究者从各自角度依据各自的研究需要进行定义,所以至今对混沌还没有一个严格的、普适的定义。随机性、不可长期预测性和敏感性都是混沌的特征,其中敏感性是本质的、深层次的特征。装备产业链中的“牛鞭效应”正是其混沌性的体现。

5.2 装备产业链不确定性的市场来源

为了充分理解不确定性对装备产业链发展与管理的影响,有必要对装备产业链的不确定性进行深入分析,了解不确定性的来源及各种表现,从而减少甚至克服不确定因素,提高装备产业链的柔性,改进其运行效能,达到快速响应和提升价值的目的。从经济学理论角度分析,装备产业链的运行也受装备市场供需关系的支配和装备市场环境的影响。因此,本节主要从装备市场需求、供应、环境三个方面分析装备产业链不确定性,如图 5-1 所示。

5.2.1 需求的不确定性

军方用户需求的变化是装备产业链中不确定性的主要来源之一,表现为需求的易变性和多样性(个性化)以及需求信息传递的不稳定性。需求的易变性是指军方用户需求变化的速度快。需求的多样性是指不同的军方用户需求不一致而导致的需求种类丰富多样,各用户的需求具有一定的个性。现代信息化战争中,作战部队跨区机动速度快、频度高、范围大,陆、海、空、天、电跨域行动,敌我双方攻防速度加快,对装备物资器材的需求量大,且呈非线性变化,导致作战部队装备物资器材需求的种类、数量都无法准确预计。

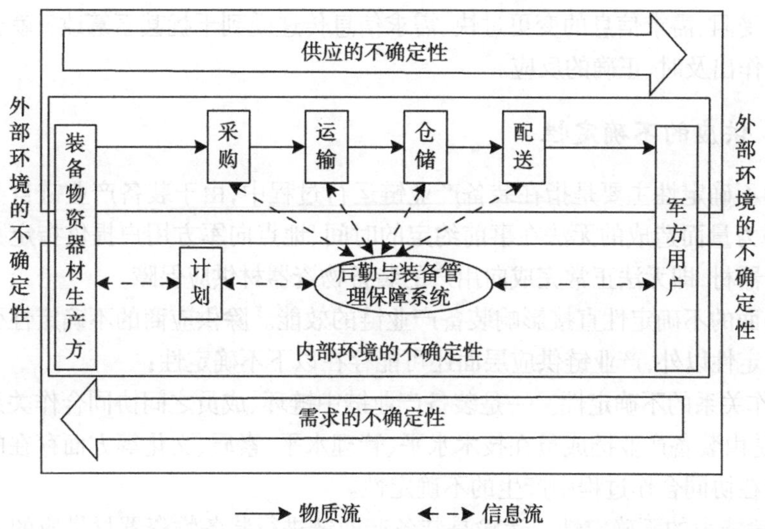

图5-1 装备产业链中的不确定性

除此之外，当装备产业链的规模日益扩大，结构日趋繁杂时，装备需求信息传递延迟以及装备需求信息传递失真的可能性也会增加，并使整个装备产业链因此陷入困境。在战争过程中，战场环境异常复杂、态势瞬息万变，信息传递极为不便，导致作战部队的装备需求信息无法准确、及时地传达。

在装备产业链的运行过程中，需求层面可能存在的不确定性主要包括：

(1)装备物资器材品种需求的不确定性。

(2)装备物资器材数量需求的不确定性。

(3)装备物资器材保障方式需求的不确定性。

(4)装备物资器材保障地点需求的不确定性。

(5)装备物资器材保障时间需求的不确定性。

(6)装备物资器材需求信息传递的不确定性。

前五种不确定性，都是由需求信息本身的不确定性导致的。因为在平时，军方用户都会根据日常的经验来确定自身物资的需求数量和种类，一旦与日常的情况不符，如应对恐怖袭击、重大自然灾害等突发情况的非战争军事行动，就会直接导致装备物资器材需求数量和种类的不准确；战争条件下，作战态势随时可能发生难以预计的重大变化，装备物资器材消耗陡然非线性增加，作战部队自身也无法把握自己的装备物资器材的需求信息，使得装备物资器材需求数量和种类具有极大的不确定性。除此之外，作战方式和作战地点也是不断变化的，导致了装备产业链所能进行的保障方式、保障时间和保障地点也都存在着不确定性，需求信息的频繁变化极大增强了装备产业链需求层面的不确定性。

第六种不确定性，是由于需求信息在从用户到达供应商的过程中要经过装备产业链众多个环节、节点组织，其中包括军队后勤和装备管理与保障系统，涉及众多部门、众多单位和多个指挥管理层级，一旦需求信息在传递过程中发生不可预知的错误(在平时可能会是逐级传递过程中的笔误或口误等人为错误，战争条件下恶劣的战场环境可能造成需求信息的传递受阻、需求信息的变更过快、需求信息传递受到干扰甚至篡改),就会导致装备产业链不能作出及时、正确的反应。

5.2.2 供应的不确定性

供应的不确定性主要是指在装备产业链运行过程中,由于装备产业链自身的原因或不可抗拒的力量而造成的无法在事前约定的时间、地点向军方用户提供指定数量和质量的装备物资器材,即无法正常完成向用户的装备物资器材供应保障。

供应层面的不确定性直接影响装备产业链的效能。除供应商的不确定性引起的供应层面的不确定性以外,产业链供应层面还可能存在以下不确定性:

(1)合作关系的不确定性。一是装备产业链中链环、成员之间协同合作关系存在的不确定性;二是由装备产业链成员在技术水平、管理水平、素质、文化等方面存在的差异导致的成员之间在协同合作过程中产生的不确定性。

(2)运输能力的不确定性。运输是装备产业链进行装备物资器材供应的一个必要环节。平时情况下,突如其来的恶劣天气(如暴风雨、冰雪等)对运输的影响可能延迟装备物资器材供应,毫无预知的突发事件对运输的影响也可能中断装备物资器材供应。另外,在装备物资器材的运输过程中,有多种运输方式、运输手段可供选择,每种方式都有相应的可靠性,而实际运输时往往又可能组合采用多种运输手段,能否准时、足量供应到需求方指定地点,多少带有一定的随机性。战争条件下,意外事件、偶然因素更是层出不穷,如道路的遭袭损坏、运输力量及装备物资器材的遭袭损失等,都可能造成运输能力的不确定性,从而导致装备产业链供应的不确定性。

(3)储备水平的不确定性。任何一条产业链,为了适应不断变化的需求,保证适时足量供应,都需要储备一定数量的装备物资器材和相关资源。储备是缓和供应与需求矛盾、缓冲供应与需求节奏不一致的主要手段。但储备过多,会造成资金积压,增加储存及管理的费用,因此,装备产业链不可能无限度地增加储备量,即各种装备物资器材和相关资源的储备水平是无法与战时的消耗量完全匹配的。另外,储备水平本身也具有动态性和不确定性,仓库条件的好坏、装备物资器材的可靠性水平,决定了储备装备物资器材损耗的情况,使得储备量存在不确定性;战时或意外情况下,仓库受到摧毁,也将直接导致储备水平的不确定性。此外,装备物资器材储备的调度、使用、维护、管理也存在不确定性。

5.2.3 环境的不确定性

柔性是一种与变化的环境和环境的不确定性相关的系统特性。具有柔性的装备产业链不仅能应对外界环境的变化,而且能利用变化并创造变化。总之,系统柔性是与环境的不确定性息息相关的。装备产业链系统处于一定的环境当中,其生存与发展受多种因素和力量的影响,这些因素和力量的综合就是环境。对环境进行不确定性分析,有利于加深对装备产业链特性和运行规律的理解。

对装备产业链而言,环境包括两个方面:内部环境与外部环境。内部环境是指装备产业链内部的运行状况;外部环境是指装备产业链运行所处的现实社会环境。

(1)装备产业链内部环境的不确定性,主要包括装备产业链及其链环、节点组织的编制体制、指挥管理机制、政策法规、协调机制、组织文化、设备设施、技术能力、人力资源等变化、矛盾、冲突产生的不确定性。

(2)装备产业链外部环境的不确定性，主要包括社会环境、地理环境、道路交通、水文气象、作战对象等的变化产生的不确定性。

图 5-2 从市场经济运行的角度描述了装备产业链不确定性的主要来源。

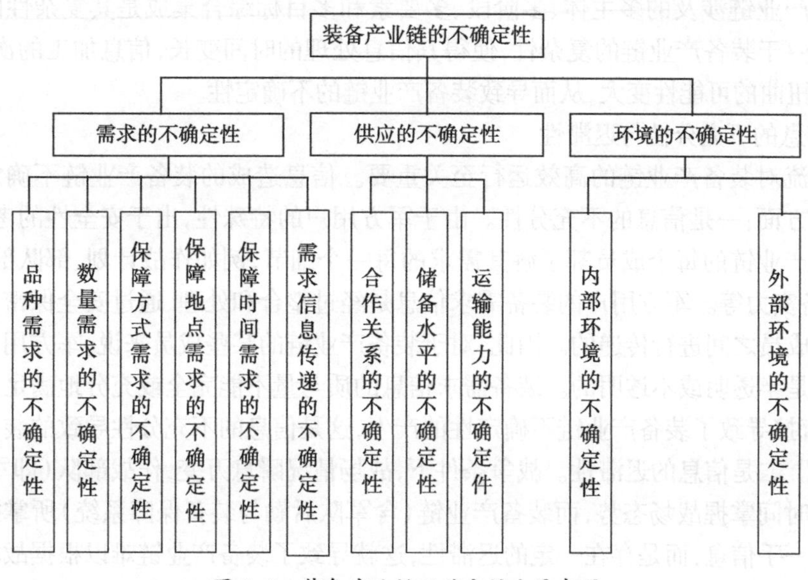

图 5-2　装备产业链不确定性主要来源

5.3　装备产业链不确定性产生的原因与后果

在现代信息化条件下，如何管理与控制装备产业链中的不确定性，将直接决定装备产业链运行效能和稳定发展。要控制与管理产业链中的不确定性，必须分析装备产业链不确定性产生的根本原因、加剧其不确定性的因素以及不确定性的后果，然后针对性采取措施减少或者消除不确定性，这样就能改善其运行效能，使其得到良性发展。

5.3.1　不确定性产生的原因分析

装备产业链是一个复杂网络系统，在其运行的任何一个环节都有可能产生不确定性，而且任何两个或者多个链环、节点之间在信息传递的过程中都有可能产生不确定性。因此，导致装备产业链不确定性产生的原因主要有以下几个方面。

1. 装备产业链的复杂性

从组织结构看，装备产业链跨越了军队与社会两个不同的领域。在军队领域，装备产业链跨越了各军兵种、各有关部门、各层级单位，其管理、保障主体是多元的，指挥、协调关系错综复杂。在社会领域，装备产业链涉及国防工业部门、军工集团、军工企业、民营企业，各类科研机构，各级政府部门，各相关产业、行业组织等，装备研制、生产、保障、管理、服务主体多元，相互间协同、合作、利益关系错综复杂。

从时序看，在装备建设、管理、保障等全寿命过程中，存在着规划计划、论证、研制、试验、定型、采购、生产、运输、储存、配送、训练、使用与维修保障等多个阶段与环节，决定了装备产业链运行业务流程的复杂性。

从目标构成看,面向信息化战争的装备保障目标应该是:整合各种资源,以最低的成本、最快的速度,在正确的时间、正确的地点将正确的装备物资器材提交给正确的军方用户。因此,装备产业链具有成果性目标和约束性目标综合的复杂多目标特性。

装备产业链涉及的多主体、多阶段、多要素和多目标综合集成是其复杂性的重要标志。正是由于装备产业链的复杂性,使得其信息处理的时间变长,信息加工的次数变多,信息失真扭曲的可能性变大,从而导致装备产业链的不确定性。

2. 信息的不充分性与迟滞性

信息流对装备产业链的高效运行至关重要。信息造成的装备产业链不确定性主要体现在两方面:一是信息的不充分性。由于军方用户的特殊性,出于安全性的考虑,不可能让装备产业链的每个成员都了解其需求的每一个细节,例如作战计划、部队部署、兵力调动、装备实力等。军方用户的装备需求信息是经过整合和处理、通过安全保密手段在装备产业链成员之间进行传递的。因此,对于装备产业链的某些成员来说,军方用户的装备需求信息是半透明或不透明的。装备需求信息的质与量不能完全或充分地满足预测的需要,所以直接导致了装备产业链不确定性的产生,这是信息的不充分性导致的装备产业链不确定性。二是信息的迟滞性。战争条件下,战场情况瞬息万变,作战部队(即军方用户)将在第一时间掌握战场态势,而装备产业链(含军队后勤与装备保障系统)所掌握的信息并不是第一手信息,而是存在一定的迟滞性,这就导致了装备产业链难以根据战场最新态势作出及时的反应,这是信息的迟滞性导致的装备产业链不确定性。

3. 突发事件的不可预测性

装备产业链所处的外部环境的不断变化,包括国际环境的突然变化,政府的支持或限制政策出台,暴雨、山洪、台风、地震、疫情等灾害,交通堵塞,恐怖袭击,重大政治、经济与外交事件,冲突或战争等偶然突发事件,也会导致装备产业链的不确定性。

4. 战争本身的不确定性

古今中外的军事家都强调战争的不确定性。毛泽东说:“战争现象较之任何社会现象更难捉摸,更少确定性,即更带所谓‘盖然性’。”克劳塞维茨则说:“战争是不确定性的王国。”现代信息化战争条件下,精确制导技术、智能技术、信息技术和网络技术等高新技术的综合运用使得战争爆发的偶然性、突发性和消耗与损失的难以预见性极大增强。作战空间由面、线式转变为陆、海、空、天、电多维多域时空一体,作战地点、作战方式、作战时间、战场态势等都在不断动态变化,战争本身的不确定性必然导致装备产业链的不确定性。军方用户的装备保障需求已从“少品种、大批量、少批次、长周期”转变为“多品种、小批量、多批次、短周期”。这些新的约束使得装备物资器材数量、结构预测的难度和精度进一步增大,装备产业链的供给与需求之间的矛盾空前突出。为了提高装备物资器材保障力度,装备产业链的上游节点通常采取提高安全库存的方法应对可能的需求变化,使得整个装备产业链上的库存量较大,对需求变动的响应能力下降,最终导致产业链库存逐级放大的“牛鞭效应”。否则,装备物资器材供给与需求之间的资源缺口若得不到及时补充,装备产业链“断链”的出现必将导致军事行动的失利。

5. 装备产业链系统的风险

现代信息化战争对装备保障提出了全新的要求,全面突破传统的装备保障理论、技术、领域、模式等界线,一切有利于提升装备保障能力的可用资源、技术、手段都应融入现代装备保障体系中,整个社会不应被动地接受军队的需求,而是将更多、更优秀的企业与军队后勤与装备保障系统结成战略同盟,即形成现代装备产业链系统,共同完成对军队作战、战备、建设和训练所需装备物资器材及服务保障的支持。由于装备产业链系统各个合作实体所处的区域环境、人文状况、政策法规、基础设施等情况不同,因此在建立产业链系统的过程中存在组织文化、管理模式、经营体制等方面的差异,加上装备产业链系统中对供应商选择评价体系、风险防范机制、激励约束机制、契约合作机制的不完善,尤其是在战争过程中,装备产业链超负荷的挖潜预备、国家战争潜力向装备保障能力转化的不确定性,导致装备产业链系统运行的风险加大,甚至可能会出现因为某个链环、节点供应商的经营失败而受重挫,或者因为个别组织、企业的失信而导致装备产业链系统的整体崩溃。简单地,可以把装备产业链上的不确定性看成一系列并联与串联任务的可靠性。每一个节点的可靠性决定了产业链链环的可靠性,并最终形成整个产业链系统的可靠性。因此,供应的不确定性会随着产业链结构中水平层次(产业链系统上游的节点数)与垂直层次(产业链系统每一节点的上游供应商数量)的增加而加大。例如,在第二个或第三个供应商处的失误(比如原材料质量的问题、交货的延误等)影响整个系统的运行效能。对于需求的不确定性,产业链结构中水平层次与垂直层次的影响也是一样的。

6. 关系价值的动态性

在装备产业链的军地各成员以及相关方面之间存在着利益关系,既有特定环境的一致行动,也有一定条件下的利益冲突。装备产业链中的每个主体都有自己的目标、内部结构和生存发展动力。而装备产业链的根本目标是通过不断提高适应环境的能力而提升对用户的装备保障能力水平。每个主体都具有主观能动性、个体理性,因此在集权的组织中使用的各种直接的、强制性的协调方法手段在这种情况下都变得难以奏效,需要全新的协调方法手段。

从装备产业链的横向层次来看,节点组织、企业之间存在着竞争与协作的复杂关系,装备产业链前端的组织、企业竞争引发的优胜劣汰以及军队装备需求的变化,常常会导致节点组织、企业动态更新。从装备产业链的纵向层次来看,不同层次主体之间存在着共同的利益,也存在发生矛盾冲突的可能性。对于节点组织、企业内部的从属实体和半自动实体,其管理的复杂性与组织文化、各实体的职能划分,以及相关的权利和义务、评价标准等因素有关。例如,传统的垂直型组织结构使得每一个实体都独立完成自己的任务,且独立评估。每一个实体都习惯于关注系统中某一部分的效率,而没有考虑系统整体的效益。如运输管理部门追求低的运输费用,采购管理部门愿意增加订货量以降低采购成本,储备管理部门希望提高库存以减少缺货损失等。这些实体对自身利益的追求与产业链整体利益常常发生冲突。对于外部的自主实体,其管理的复杂性与其组织结构、信息基础结构以及资源状况等方面的因素有关。例如,各实体为了自身的利益不愿与其他实体共享某种重要信息,不愿牺牲自身的利益使装备产业链整体获取更大利益等。与这些实体组成产业链后,相互之间的信息流、物流和资金流的畅通与否直接影响装备产业链运行管理与决策的难度,也会加剧装备产业链的不确定性。

环境变化、结构重组等原因,导致装备产业链的成员对信息的收集和处理不充分,对信息深层含义的挖掘不够,管理信息系统效率低下,加上产业链成员间对信息的分散式持有方式,就会造成装备产业链信息不完全和不对称。信息的不完全和不对称使得原本可以控制的不确定性失去控制,加深装备产业链系统对某些资源的依赖作用,加之装备产业链分散型的决策机制,装备产业链节点个体利益与全局利益的分歧导致不确定性在产业链系统中的进一步失控和放大传播,成为产业链协调最为棘手的问题。信息的不对称和不完全以及分散的决策机制成为装备产业链不确定性的放大器,通过这些作用使装备产业链各节点资源、能力极不平衡,成为整个产业链协调和持续发展的灾难。

装备产业链受社会政治、经济、心理以及利益驱动等方面因素的影响,尤其受战时各种复杂因素的影响,例如需求的频繁变化、敌方的破坏以及任务的调整,往往会导致装备产业链成本增加、资源类型与数质量变化、网络结构改变等现象发生,从而加剧装备产业链不确定性,使得装备产业链从平衡状态过渡到非平衡,甚至失控状态。在和平时期,装备需求具有一定的稳定性,装备产业链结构、能力也具有相对稳定性,通过有效控制不确定性,装备产业链可以较长时间处于平衡状态。因此,由于不确定性的存在,装备产业链运行与发展实质上是一个平衡—非平衡—新平衡循环往复的动态过程。

5.3.2 不确定性加剧的因素分析

装备产业链系统的复杂性不仅是产生不确定性原因,更是加剧装备产业链不确定性的主要因素,具体包括装备产业链成员交互关系的复杂性和装备产业链结构的复杂性。

1. 装备产业链成员间交互关系的复杂性

装备产业链成员隶属于不同的组织体系、行业领域,装备产业链成员之间通常存在两类交互关系:串行交互关系和并行交互关系。

(1)串行交互关系发生在装备产业链不同的层级之间,如原材料供应商与装备承制方之间、各级配套承制方之间、配套承制方与总承制方之间、总承制方与军方用户之间、承制方保障力量与军方保障力量之间、军方各级保障力量之间、各级保障指挥管理机构之间,是纵向上的相互作用。由于装备产业链有其特殊性,各节点是为共同完成部队作战装备保障任务或者军队装备建设任务而发挥作用,纵向节点之间大多存在隶属或管控关系,出现不确定性的情况相对会少一些。但在装备产业链涉及部门、单位众多,节点分布区域、领域广泛的情况下,必然导致串行交互关系的复杂化,从而加剧装备产业链的不确定性。

(2)并行交互关系是指装备产业链上处于同一层级的不同节点之间的相互作用,如多个原材料供应商之间、多个同级配套承制方之间,是横向上的相互作用。平时,由于军队用户装备保障需求比较平稳,各项保障设施比较完备,并行交互关系对装备产业链的影响比较小。战时,由于战场环境剧变和装备保障需求的不确定性,装备产业链同一级的节点之间就会出现混乱的现象,不同部门或单位的同级节点也可能出现不合作或难以顺畅协作的问题,从而加剧装备产业链的不确定性。

2. 装备产业链结构的复杂性

装备产业链是由地方各层级供应商与承制方、军队后勤与装备管理保障系统、军方用户等组织、单位按一定的装备保障业务流程连接组成的网状链式结构。在水平层次上,存在采购、运输、储备、配送等环节。而在垂直层次上,每一环节的结构又不是单一的,而是由相应系统构成的独立的复杂网络。装备产业链的水平层次和垂直层次决定了装备产业链必然是一个复杂的网状链式结构(图 5-3),而这种网状链式结构加剧了装备产业链的不确定性。

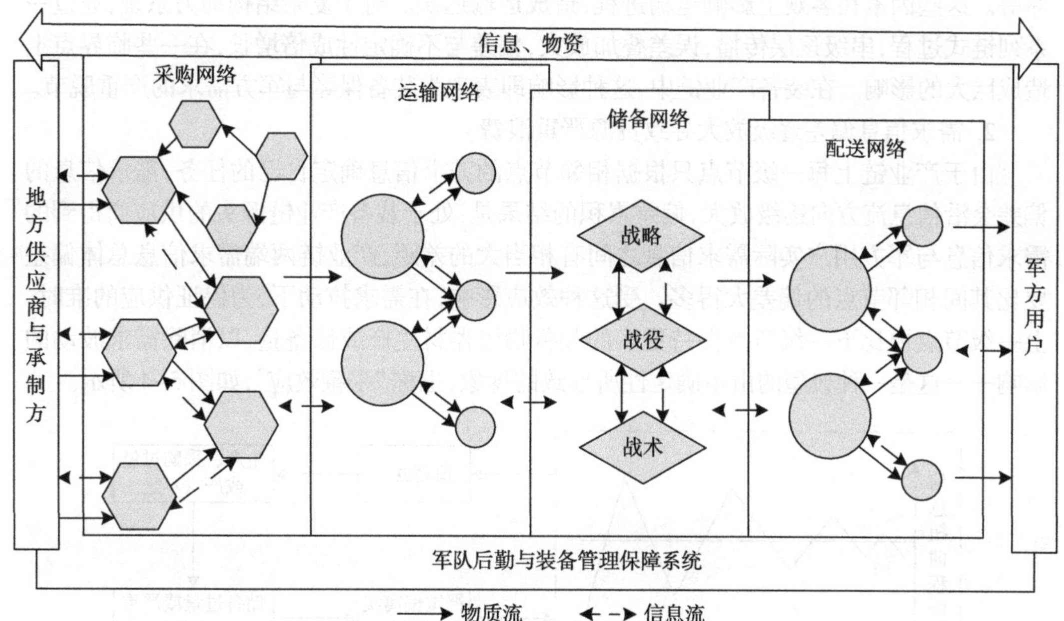

图 5-3　装备产业链的复杂网状链式结构示意图

可以把装备产业链的不确定性看成一系列并联与串联任务的不确定性的累加。装备产业链不确定性会随着装备产业链结构水平层次(装备产业链的环节数,即装备产业链的“长度”)与垂直层次(装备产业链每一环节网络结构的复杂度,即装备产业链的“宽度”)的增加而增大。

在装备产业链结构中,上游节点成员的正常运转是下游正常运行的基础和必要条件。而不确定性从最初的供应商开始沿产业链各环节逐级传递并放大,环节越多,每一环节的结构越复杂,越会加剧装备产业链的不确定性。

5.3.3　不确定性产生的后果分析

装备产业链不确定性对其运行、发展产生着巨大影响,可能导致装备产业链整体运行效率不高、保障能力下降、服务水平降低等。下面主要对资源供应时间延迟、需求信息偏差和信息不通畅以及大量及时保障需求等不确定情况下可能导致的不利后果进行分析。

1. 时间延迟累积效应导致装备保障与军方需求严重脱节

装备产业链的主要瓶颈在于受时间和空间限制的各环节资源供应过程。装备产业链各节点要求在指定的时间把所需数质量的资源供应到指定的地点。装备产业链资源供应时间延迟来源于两个相互交织的过程:供应过程和运输过程。

在资源供应过程中,供应的不确定性从最初的供应商开始沿产业链各环节逐级传播,直接影响装备最终交付时间,因而影响装备产业链的装备保障能力,甚至影响整个战争的进程。在资源运输过程中,经常有以下情况发生:①供应商与承制方、承制方与军队用户之间缺乏足够的交流与沟通，彼此之间的衔接不够准确；②运输过程中出现的一些偶发事件，如暴雨、山洪、台风等自然灾害造成的交通中断、交通事故等；③敌人的袭击、干扰、破坏等。这些因素在客观上影响运输进程，造成运输迟误。对于复杂结构动力系统，通过一系列链式过程，串级逐层传播，误差叠加放大，偏差与不确定性成倍增长，在一些临界点上造成巨大的影响。在装备产业链中，这种影响即表现为装备保障与军方需求的严重脱节。

2. 需求信息偏差逐级放大导致资源严重浪费

由于产业链上每一级节点只根据相邻节点的需求信息确定自己的任务，需求信息的偏差会沿信息流方向逐级放大，偏差累积的结果是：处于装备产业链源头的供应商得到的需求信息与军方用户实际需求信息之间有相当大的差距，产业链两端需求信息总体偏差要比其间相邻节点的偏差大得多。受这种效应影响，在需求拉动下，为保证供应的准时，上一级节点要比下一级节点保持更多的装备物资器材生产或储备量，以消除需求波动的影响——这是一种典型的由不确定性所导致的现象，也称“牛鞭效应”，如图 5-4 所示。

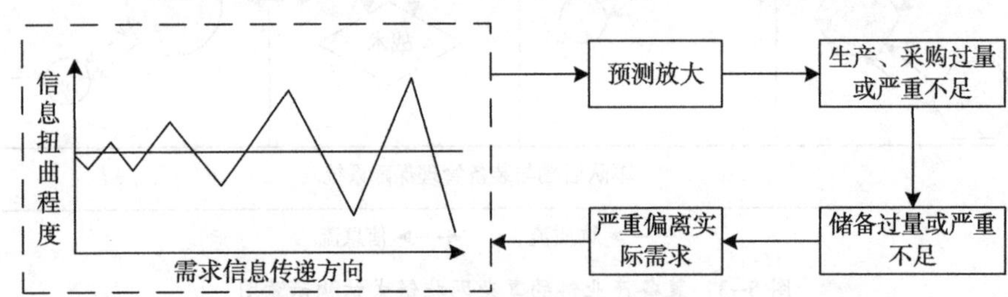

图 5-4　需求信息偏差的牛鞭效应示意图

信息偏差经过装备产业链多级放大，原材料供应商可能要比实际的市场需求有更多的原材料储备数量和更长的储备时间，而更多的储备数量和更长的储备时间意味着更高的成本。通常，装备产业链上游节点为保证供应的充足和准时性，保证自己的商业信誉，只能提高成本。而军队后勤与装备管理保障系统为了应对随时可能发生的军方用户的需求波动，也需要有足够的装备物资器材储备。装备产业链的结构层次越多，累计偏差放大越明显，上游节点的采购、生产、储备相应也就越多。需求信息偏差造成不合理运输，以及不合理储备结构和储备数量，导致目前装备产业链中普遍存在严重浪费的现象。

3. 信息不通畅导致产业链节点成员间协作严重障碍

装备产业链节点成员之间存在装备市场供需信息共享、风险共担、利益分享的协同合作关系。维系整个装备产业链的整体性的除了各种各样的并不完备的契约和机制以外，就是装备产业链中所有成员对未来美好愿景的信念。因此，装备产业链强调成员之间的相互协同合作和彼此信任。但是由于装备产业链成员之间信息不通畅，导致装备产业链成员之间利益分配不均衡、关系不协调、目标不一致，甚至出现矛盾和冲突，致使装备产业链成员在协同合作中要么表现消极，要么拒绝进一步协同合作，退出产业链。因此，信息不通畅严重阻碍装备产业链成员间的协同合作。

4. 大量及时的保障需求导致部分节点乃至整个产业链不可靠

现代高技术战争条件下，装备、弹药、油料和各种物资器材的消耗十分惊人。与传统战争相比，信息化战争装备物资器材消耗呈几何级数增长，同时对装备物资器材保障的及时性要求更高。由于装备物资器材需求数量大、保障强度高的特点，在整个装备产业链中某些节点可能出现暂时无法应对整个系统对其要求的情况，这些节点出现不可靠现象，进而影响整个装备产业链运行的可靠性。

由于战争局势的瞬息万变，装备产业链随时有可能遭受敌人的打击，为满足作战需要，装备产业链要表现出一定的灵活性，因此装备产业链本质上也是一种动态联盟，其动态性决定了装备产业链面临着随时解散、更新或重新组建的可能性。这种不确定性也可能由产业链整体不稳定、节点利益分配不均衡或某一节点与其上、下游节点的关系不协调等造成。

第 6 章 装备产业链协同

信息化战争条件下,军方用户对装备物资器材保障的要求越来越高,装备物资器材保障必须以部队需求为牵引,力争做到快速、准确。这就要求装备产业链上各个成员之间要充分协同,不断提高装备产业链运行的整体效益。加强装备产业链协同管理的研究,对实现装备产业链上各个成员之间充分高效协同,促进装备产业链发展,提高装备保障能力与效能,具有重要的现实意义和军事价值。

6.1 装备产业链协同结构与类型

6.1.1 装备产业链协同结构

确定装备产业链的协同结构是研究装备产业链协同管理的前提,只有理清装备产业链节点之间关系才能更好地研究它们之间的协同。装备产业链是由众多实体构成的链状网络系统。军方用户所需的装备物资器材由地方组织、企业研制、生产,经由各种筹措供应渠道,进入军队后勤与装备管理保障系统,最后保障军方用户所需。

装备产业链的一部分是军队外部的地方相关产业链,主要由地方承制方、各级转承制方及其供应商和供应商的供应商等构成;另一部分是军队内部后勤与装备管理保障系统与军方用户构成的保障链。在装备产业链运行过程中,军队后勤与装备管理保障系统向地方承制方或供应商筹措军方用户所需装备物资器材,根据装备建设与保障规划计划,将其中部分装备储存于战略、战役储备仓库之中,并对军方用户实施装备保障。由于军队后勤与装备管理保障系统发挥的重要作用,以及其所具备的完善的、不可替代的保障资源与能力,因此它也是装备产业链的核心组成部分。装备产业链的协同结构模型如图 6-1 所示。

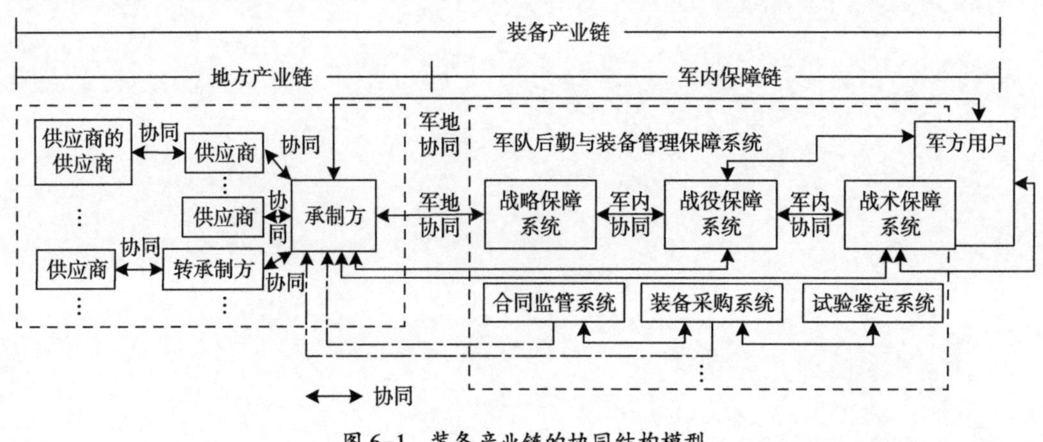

图 6-1 装备产业链的协同结构模型

地方产业链由地方承制方、各级转承制方、供应商以及供应商的供应商等组成，它们构建军队外部装备产业链系统，主要负责军方用户所需装备物资器材的研制、生产、试验、维修、保障与服务，将各种资源转化为军方所需的装备保障资源。供应商与供应商的各供应商之间存在协同关系，转承制方与各配套转承制方及各相关供应商之间存在协同关系；总承制方与各直接供应商及各配套转承制方之间存在协同关系。

军内保障链的主体是军队后勤与装备管理系统各有关部门、机构、单位，直接完成军方用户所需装备储存、供应、维修、运输等保障与管理。军内保障链通常包括战略、战役、战术三级装备保障系统，以及装备采购、合同监管、试验鉴定等管理系统。各级保障系统主要由相关保障力量和资源构成，其资源由军地协同保障或上级系统保障。保障系统之间、管理系统之间、管理系统与保障系统之间存在军内协同关系。

地方产业链部分主体与军内保障链部分主体之间也存在军地协同关系。如装备承制方与军队各级保障系统、军方用户之间就存在军地协同关系，以实施对军方的装备保障、服务。

6.1.2 装备产业链协同类型

装备产业链协同类型可以依据协同的内容和协同的主体进行划分。

依据参与协同的主体可以将装备产业链协同分为地方协同、军地协同和军内协同。地方协同是指装备产业链中地方产业链内部各主体（组织、企业）之间的协同。军地协同是指地方产业链主体与军内保障链主体（部门、机构、单位）之间的协同，主要是地方承制方、供应商与军队各级保障系统、军方用户之间的协同。由于军队保障系统与地方承制方、供应商是分属于军队和地方两个不同体系的互相独立的实体，因此军地协同主要是在利益的驱动下以契约的形式进行的。军内协同主要是指军内保障链各个主体（部门、机构、单位）之间的协同。由于军内协同各个主体同属军队体系内部，它们的共同目标是提高军队装备作战能力和保障能力，最大程度地满足军方用户的需求，因此它们之间主要是一种任务或职能分工式的协同。

依据协同的内容可以将装备产业链协同分为单一业务协同和综合业务协同。单一业务协同主要可以分为计划协同、信息协同、采购协同、库存协同、运输协同、保障协同、需求协同等；综合业务协同主要是计划、采购、库存、运输、配送、保障、需求等业务之间的协同，通常表现为一对一、一对多、多对一和多对多的协同形式。

本章主要研究军地协同、军内协同以及库存和信息两个单一业务协同有关问题。

6.2 装备产业链协同机制

装备产业链协同是指装备产业链中各个成员以实现对军方用户装备保障为目标，以利益共享为动力，以信息共享为基础，对装备产业链运行各环节进行共同决策，平衡装备产业链各成员关系，协调装备产业链各成员行为的活动。只有建立合理、科学、有效的装备产业链协同机制才能实现装备产业链高效顺畅运行和持续发展的整体目标。

系统机制是指系统赖以生存、运行的结构、动因和控制方式。它是系统为维持其特定功能，而以一定的规则规范系统内部各子系统、各要素之间相互作用、相互联系、相互制约的形式和运动原理,以及内在的、本质的工作方式。

装备产业链协同机制是指装备产业链各要素及内部各环节、各节点成员间在协同过程中应遵守的规则、制度、程序和相互间协调关系。装备产业链各要素及内部各环节、各成员之间能够按照这些设定的规则、制度、程序及关系展开博弈、选择和激励,以实现装备产业链的总体目标。装备产业链一旦形成协同机制,就会内在地作用于装备产业链系统及其各组成部分、各子系统、各要素、各环节、各成员,使系统处于某种相对稳定平衡状态,使其按一定的规律生存、变化和发展。下面先从宏观角度分析装备产业链系统为什么需要协同、如何实现协同以及怎样对装备产业链协同进行约束的关键问题,尔后具体分析装备产业链军地协同、军内协同应建立什么样的协同机制问题,为提高装备产业链运行军事、经济和社会综合效益提供理论依据。

6.2.1 装备产业链协同机制的宏观分析

装备产业链协同机制从宏观角度可以分为装备产业链协同形成机制、协同实现机制以及协同约束机制,即分别需要回答以下三个问题:装备产业链上各要素、各环节、各成员为什么要进行协同?怎样实现协同?在协同的过程中怎样对各要素、各环节、各成员行为进行约束?

1. 协同形成机制

装备产业链的目标是满足军方用户的需求,实现装备产业链运行军事、经济和社会效益最大化或综合平衡。由于装备产业链节点上各个成员之间是相互独立的实体,传统的装备产业链运行过程主要基于产业分工,因此各个成员之间存在重复的、分隔的、不集成的业务处理方式等许多缺乏有效协作的问题,严重制约了整体经济、社会效益的提高,使装备产业链在现实运行过程中的效益与期望达到的效益之间存在很大的差距,装备建设整体质量和军事、经济和社会综合效益难以提升。为了不断提高装备建设整体质量和综合效益,尽可能地实现装备产业链运行综合效益最大化,装备产业链各要素、各环节、各成员之间需要进行充分的合作、协同,这就是装备产业链协同形成的内在动因。

(1)确定装备产业链目标。

目标是指所希望达成的结果或需要完成的任务。目标对系统的生存与发展起着决定性的作用。一旦目标确定,系统就将朝着目标方向不断发展。装备产业链的总目标是实现装备产业链高效顺畅运行和持续发展,满足军方用户对装备的需求,提高装备建设整体质量、综合效益。装备产业链的总目标是一个由一系列分目标、阶段性目标、成员目标构成的复杂目标体系。装备产业链目标按时间跨度从远到近可分为发展战略、远景目标、中长期目标、短期目标、临时性目标等一系列目标。装备产业链目标并不是一成不变的,它是动态的,通常会根据国际形势、国家发展战略、国防战略、装备发展战略、军事需求等的变化适时地动态调整,以满足未来军事斗争对作战装备体系的需求。

(2)分析装备产业链运行状况。

在分析确定了装备产业链的目标之后,应持续分析装备产业链运行状况,对装备产业链运行整体效益和各个环节的运行情况进行分析,评价运行效果,以及分目标、阶段性目标及装备产业链目标体系的实现情况。

(3)识别目标实现水平与期望水平之间的差距。

分析装备产业链运行现状是为了识别装备产业链某段时间内或某个环节上目标实现水平与期望水平之间的差距,进而确定需要调整的装备产业链协同的内容、任务、目标等。通过确定装备产业链目标、分析运行现状并找出其与期望水平之间的差距,使装备产业链各要素、各环节、各成员认识到建立协同机制、加强相互间协同的必要性,促使其主动高效合作与协同,从而改善装备产业链的运行状况,使装备产业链保持相对平稳和持续发展态势。

2. 协同实现机制

装备产业链协同实现机制是装备产业链各要素、各环节、各成员协同实施过程的规则、程序等。协同实施主要包括协同机会识别、协同价值评估、信息沟通、协同要素整合、序参量选择、信息反馈等系列活动。装备产业链协同的实施过程就是由这些相互联系的活动构成的。协同机会识别是协同过程的突破口、起点,协同价值预先评估是关键,有效的信息沟通是基础,要素整合和序参量选择与管理是根本途径。这些活动共同作用,最终实现装备产业链的整体协同效应。

(1)协同机会识别。

协同机会识别主要分析在实施装备产业链协同过程中如何确定协同的时机,也就是了解装备产业链哪些要素、哪些环节、哪些成员需要进行协同。协同机会识别是实施装备产业链协同的突破口,只有准确、及时地识别协同机会,才能采取各种针对性措施和方法,实现装备产业链协同的目标,进而实现装备产业链的总目标。同时,协同机会识别也是后续协同活动、行为的起点,协同的实施首先是找准协同机会。

(2)协同价值评估。

协同价值评估是在协同机会识别的基础上,对协同过程可能产生的价值增值或贡献进行的预先评估。其作用主要体现在两个方面:一是通过对协同过程产生价值增值的预先评估,比较协同过程的所需成本与产生价值的大小,进而确定协同对整个装备产业链系统的价值增值或贡献程度;二是通过协同价值评估,预先确定并比较装备产业链上各要素、各环节、各成员在协同过程中所产生的价值增值,有助于合理分配由于发挥协同效应后所带来的新利益,激励并保证后续协同行为的顺利实施。

(3)信息沟通。

信息沟通是装备产业链协同的基础和前提,没有准确、顺畅的信息沟通,装备产业链协同就难以实现。装备产业链运行过程的任何环节都存在成员之间的相互作用,各要素、各环节、各成员之间的信息沟通与交流是重要的连接桥梁和纽带。协同机会与协同价值只有通过装备产业链系统内部广泛深入、有效的相互信息沟通和交流,被清晰地认识、理解和接受,并转化为各成员的自觉行为,才能发挥应有的作用,进而保证装备产业链协同顺利、有效实施。

(4)协同要素整合。

协同要素整合是装备产业链系统有序化的过程,也是装备产业链系统在协同机会识别、协同价值评估和信息沟通等的基础上,为实现装备产业链协同效应而对协同要素进行的权衡、选择和协调的过程。协同要素整合的目的是最大化地挖掘装备产业链各要素、各环节、各成员的优势,使装备产业链内部优势互补、扬长避短,从而产生整体协同功能效应。协同要素整合作用是改善制约装备产业链系统发展的瓶颈因素,充分发挥各成员的作用,提升装备产业链的整体效益,提高装备建设质量和综合效益。

(5)序参量选择。

根据协同学理论,序参量是影响系统从无序到有序的主要决定因素,是系统宏观有序程度的度量,它主宰着系统从无序走向有序。在装备产业链协同过程中,只要选择确定装备产业链系统的序参量,就能通过施加一定的管理手段和方法把握装备产业链的发展方向。而对协同要素进行整合的目的是产生所期望的序参量,从而使序参量发挥支配主导作用,提高装备产业链系统的协同水平或程度,最终发挥装备产业链系统的协同效应。

(6)信息反馈。

通过对装备产业链系统序参量的管理,装备产业链系统会从无序的不稳定状态走向一种新的有序的稳定状态,产生了新的时间、空间和功能结构,进而发挥装备产业链的协同效应。这种协同效应就是装备产业链协同所达到的结果。但这种结果是不是装备产业链系统所追求的协同效应,要通过装备产业链协同过程的反馈信息来判断。如果反馈信息表明,达到的预期结果与装备产业链协同目标一致,即实现了协同效应,反之则没有,需返回协同机会识别,并进行新一轮协同实施过程。

3. 协同约束机制

协同约束机制是装备产业链协同机制中不可分割的一部分,贯穿整个装备产业链协同过程,对保证装备产业链协同的顺利实施以及实现装备产业链的协同效应具有重要的作用。缺乏约束机制的装备产业链协同将无法实现协同目标。装备产业链协同过程中的约束机制主要有装备产业链协同形成过程中的约束机制和装备产业链协同实施过程中的约束机制。装备产业链协同形成过程中的约束机制主要是指对装备产业链各要素、各环节、各成员协同意愿、动机的约束,通常采取激励机制等;装备产业链协同实施过程中的约束机制主要是指在装备产业链上各成员产生协同的动机后对协同过程行为的约束,通常采取信任机制、信息共享机制、利益分配机制等。

装备产业链协同形成机制、实现机制、约束机制之间相互作用、相互联系,发挥各自的协同功能和效应,最终实现装备产业链的整体协同效应,即提高装备产业链的整体效益,从而提升装备建设质量和综合效益。协同形成机制是整个装备产业链协同管理过程的起点,因此协同形成机制是协同实现机制的前提条件。而协同实现机制正是在协同形成机制的基础上,通过协同机会识别、协同价值评估、信息沟通、序参量选择、协同要素整合以及信息反馈等环节的具体实施,促使其产生所期望的序参量,使序参量主导整个装备产业链系统向有序、稳定的方向发展。协同实现机制把协同形成机制中概念的协同变为实际的协同。而协同约束机制作为实现装备产业链协同效应的重要保证,它贯穿整个协同过程,不论在协同形成机制中还是在协同实现机制中,协同约束机制都起着非常重要的控制作用,它保证了装备产业链协同过程中所有协同行为的顺利进行。

实现装备产业链协同效应,协同形成机制、实现机制、约束机制三者缺一不可。离开协同形成机制,协同实现机制则成为无本之木。同样,离开协同实现机制,协同形成机制中的协同目标如空中楼阁,无法实现。而协同约束机制又是以前面二者为载体,如果离开它们,协同约束机制则将缺乏作用对象,不能发挥应有的作用。同样,若没有协同约束机制，协同形成机制和协同实现机制如无缰之马，也不能很好地运行。因此，它们三者形成了有机的整体，缺一不可，共同发挥作用，实现装备产业链整体协同效应。

6.2.2　军地协同机制分析

装备产业链协同过程中，由于其中的军队后勤与装备管理保障系统、军方用户与地方装备承制方、供应商（组织、企业）是分属于军队内部和军队外部的两类相互独立的实体，各自以自身利益最大化为原则，所以在军地协同过程中，军队后勤与装备管理保障系统、军方用户与地方装备承制方、供应商往往从自身利益的角度出发，不顾装备产业链整体效益进行分散决策，从而影响装备产业链协同的水平，影响装备产业链整体效益，使装备难以满足军方用户的需求。所以在装备产业链运行与协同过程中应建立一个合理、有效的军地协同机制，具体包括军地激励机制、利益分配机制、信任机制、信息共享机制等，对军地双方的协同主体进行激励和约束，提高军地协同的效率、水平，从而提高装备产业链的整体效益，提升装备建设的质量和综合效益。

1. 军地协同激励机制

军队与地方两个体系的众多成员为了共同的装备建设目标以装备产业链形式组织在一起，但二者分属于军队内外两个不同体系，对于其中的地方组织、企业而言，是在实现自身利益最大化的前提下提高装备产业链的整体效益。只有装备产业链的整体效益和自身利益同时得到提升，才能调动地方组织、企业参与军地协同的主动性、积极性，保证装备产业链军地协同的稳定。所以，只有通过建立激励机制使地方组织、企业明确意识到自身利益的提升，促使其主动参与军地协同，最终通过军地之间的协同运行，实现装备产业链的整体效益的不断提高。

（1）军地协同激励机制的内容。

军地协同过程中，由于装备产业链成员分属军队与地方两个不同体系，互相间具有相对独立性，尤其是对于地方组织、企业来说，其最终的目标就是追求利润或发展利益的最大化。在装备产业链运行过程中，为了保证地方组织、企业能够积极主动地开展相关协同，建立合理、有效的激励机制是必不可少的。激励机制的内容主要包括激励主体与客体、激励目标以及激励手段。

①激励主体与客体。激励主体指激励者；激励客体指被激励者，也就是激励的对象。在装备产业链协同过程中，激励主体应当是国家、军队有关部门或单位，通过建立合理、有效的激励机制调动装备产业链军队、地方成员参与军地协同的主动性和积极性。激励的客体是装备产业链军队、地方成员，通常以自身管理目标实现或自身利益最大化为原则。各成员可以选择是否进行协同、合作。只有当能够实现自身管理目标或利益目标时，才会选择协同、合作。

②激励目标。激励目标主要是通过某些激励手段，调动装备产业链军队、地方成员参与军地协同的积极性，使军地之间在信息共享和互相信任的基础上建立长期合作的伙伴关系，在业务流程上协同运作，充分发挥各自优势，实现双方利益增加以及装备产业链整体效益提升的目标，最终实现军队装备建设发展和国家产业发展目标。

③激励手段。在传统的激励理论中，激励手段主要有物质激励、精神激励和情感激励。在装备产业链运行过程中，对于地方组织、企业的激励手段主要体现在物质（利益）激励，

只有让其清楚地意识到通过协同可以为带来利益增加，才能使其积极主动地参与军地协同，从而提高军地协同的稳定性。但对地方组织、企业的激励不是一味地通过优惠政策、措施来提高其协同的积极性，同时还应该对其参与协同的持续性进行约束，以及对不良协同行为进行惩罚，这样才能保证军地协同高水平发展，在提高装备产业链整体效益的同时增加地方组织、企业的利益，进而使军地协同不断向更高的层次发展。对于地方组织、企业而言，军地协同激励主要有价格激励、订单激励、合同激励、淘汰激励等手段。

价格激励。价格激励的目的是通过装备支付价格来调节军地成员间的关系，形成最优策略下军地双方的交易价格，激励地方组织、企业参与协同的主动性和积极性。一般在军地协同过程中，军方用户所需装备物资器材的采购价格要比传统市场模式下的价格高，或者地方组织、企业会通过军方的价格激励政策得到一定的利益转让实现相应的利益增加。

订单激励。通过建立装备产业链成员综合评价机制，对地方组织、企业进行分级管理并实施订单激励。对于评价优秀的组织、企业，可以加大采购订单量；对于评价一般组织、企业，维持现有采购订单量；对于评价不合格的组织、企业，取消采购订单。

合同激励。通过建立装备产业链成员合同履行绩效评价机制，对地方组织、企业进行合同履行绩效管理并实施合同激励。对于合同履行绩效水平高的组织、企业，可以签订长期合作合同或研制、生产、维修、服务、保障等多阶段一揽子合同，甚至建立长期战略合作伙伴关系；而对于合同履行绩效水平一般的组织、企业，适当减少签订长期合作合同或多阶段一揽子合同；而对于合同履行绩效水平较差的组织、企业，避免签订长期合作合同或多阶段一揽子合同，甚至淘汰出合格供方名录或装备产业链系统。

淘汰激励。淘汰激励属于负激励。淘汰激励主要是对装备产业链成员中地方组织、企业参与军地协同的一种约束措施。在装备产业链军地协同过程中综合表现良好的地方组织、企业可以得到更多的利益回报，属于正激励。对于军地协同综合表现一般的地方组织、企业，只保持或适当减少其得到的利益；而对于军地协同综合表现不好，甚至影响、制约装备产业链军地协同效应的地方组织、企业，应当被淘汰出装备产业链系统。有效的淘汰激励机制可以提高装备产业链地方组织、企业的军地协同绩效，从而保证整个装备产业链较高水平的军地协同，提高装备产业链的整体运行效率和效益。

(2)军地协同激励机制的实施。

建立军地协同激励机制后，为了充分发挥激励机制应有的作用，有关部门、单位应该通过必要的方法、步骤落实激励机制，具体实施激励过程中应当选择适当的激励方式和确定合适的激励时机。在实施军地协同激励机制前，应建立装备产业链组织、企业军地协同绩效评价体系，对其在军地协同过程中创造的价值、发挥的作用大小进行评价，为实施激励提供信息支持和基本依据。根据不同类型的组织、企业制定不同的绩效评价标准，实施不同的激励方式方法。

①激励方式。激励方式主要分为正激励和负激励两大类型。正激励就是采取更加有利于组织、企业的鼓励政策或优惠措施，使其获得更多的利益，从而进一步提高地方参与军地协同的积极性。负激励主要针对军地协同不力的组织、企业，通过减少优惠，甚至采取适当的惩罚措施，相应地减少这些组织、企业的利益，迫使其改善军地协同绩效，对装备产业链做出应有的贡献。不管是正激励还是负激励，都是对装备产业链组织、企业的一种

促进,最终目的都是提高军地协同的整体效益。

在对装备产业链组织、企业军地协同绩效评价的基础上,按照标准对其进行分级管理和激励。对于类型相同的组织、企业,选择军地协同绩效评价优秀且排名前列的若干组织、企业给予正激励,即实施更加有利于组织、企业的鼓励政策或优惠措施。对军地协同绩效评价差且排名倒数的若干组织、企业给予负激励,即减少其应得的利益。具体激励方法应当适用于具体的组织、企业,尽量做到按需激励,发挥激励的最大效用。

②激励时机。对装备产业链组织、企业的激励一般在对其进行一次或多次军地协同绩效评价之后,以实际评价结论为依据。激励时机通常包括:装备产业链外部相同类型组织、企业竞争较为激烈,而现有的组织、企业军地协同绩效提升不明显时;相同类型组织、企业之间缺乏竞争时;装备产业链资源供应相对稳定时;装备产业链内组织、企业缺乏军地协同动力或危机感时;装备产业链内组织、企业对装备建设质量、效益关注度不高,军地协同不畅或出现问题时;装备产业链内组织、企业军地协同绩效有明显提高,对提高装备建设、保障有显著贡献时;其他需要实施激励的情况。

装备产业链是一个相对松散、缺乏强制约束力的组织混合体,尤其是军队部门、单位与地方组织、企业分属军队和地方两个不同系统的独立实体。激励时机一旦把握不当,很容易影响装备产业链的整体效益,甚至造成装备产业链危机。因此,要求把握好实施激励的时机,以保证装备产业链的稳定运行和持续发展。

2. 军地协同利益分配机制

在装备产业链军地协同运行过程中,由于信息的不对称或信息不完整,形成了复杂多变的需求,装备产业链上各成员需要不断提高资源准备水平来应对多变的需求,造成装备产业链上各成员的资源准备水平向上游持续不断增加,形成装备产业链的"牛鞭效应"。通过装备产业链协同,各成员间共享资源、需求等信息,整个装备产业链的整体资源准备和管理消耗大大降低,装备产业链整体利益也会提高,这种情况对装备产业链上游企业更有利。在地方组织、企业与军队后勤与装备保障系统之间的协同过程中,地方组织、企业增加的利益要远比军队后勤与装备保障系统多,这种局面不利于装备产业链军地协同的稳定。所以应在实施装备产业链军地协同之后对整个装备产业链系统增加的利益进行重新分配,建立更加合理的利益分配机制,这样才能提高装备产业链的稳定性,促进装备产业链持续健康发展。

(1)建立合理利益分配机制的原则。

①规范性原则。在军地协同运行过程中,装备产业链的整体效益得到了增加,而装备产业链组织、企业没有得到与其贡献相对应的利益增加,这就需要通过签订利益分配契约,进行利益的重新分配。在进行利益重新分配的过程中,如果完全靠口头协议等道德准则,会给军地协同带来不确定性,影响军地协同的稳定性,所以在进行利益重新分配的过程中应经过军地协商签订利益分配契约,用文件和法律的形式规范利益分配。

②公平性原则。装备产业链成员组织、企业通常都是互相独立的实体,都遵循自身利益最大化的原则,因此在利益分配时一定要遵循平等原则,让每个成员都得到与其贡献相应的利益。但平等分配并不等于平均分配,应根据各成员在装备产业链整体效益增值的过程中所做出的贡献而定,按贡献的比例分配增加的利益,使利益分配尽可能公平。

③风险和利益平衡原则。在装备产业链军地协同过程中,各成员所承担的风险在利

益重新分配过程中很容易被忽略,往往只看到做出的直接贡献。在利益分配过程中应该遵循承担的风险越高所得的利益比例越高的原则。利益分配应对承担风险大的成员给予适当的补偿、倾斜,以提高组织、企业参与军地协同合作、主动承担风险的积极性。

④个体合理原则。应该使大多数成员在利益分配之后所得到的利益大于在传统装备产业链管理模式下的利益。如果在军地协同利益重新分配之后,多数成员所得到的利益小于传统装备产业链管理模式下所得的利益,这就说明利益分配的不均或者军地协同没有达到预期的目标,没有实现整体效益的增加,从而影响军地协同的发展。

⑤结构最优原则。在利益重新分配时,应综合考虑影响军地协同的各种因素,对军地协同过程中做出的贡献和担负的风险进行合理的评价,从而合理确定利益分配的最优结构,促使军地各方实现最佳合作、协同发展。

(2)利益分配方法。

装备产业链协同的实质是装备产业链上各成员通过一定的行为规范联合在一起共同为了装备产业链系统的整体目标而努力,在实施装备产业链协同的过程中,成员间共享相关信息、紧密协同合作,减少了装备产业链的成本,使装备产业链的整体效益提升。如通过共享装备产业链各成员的资源信息和需求信息就可以很大程度地降低装备产业链整体的资源成本。但装备产业链整体利益的增加,并不代表每个成员的利益都会得到相应的增加,也不能代表每个成员都得到了与其所做出的贡献相对应的利益。不合理的利益分配会降低装备产业链上成员协同的积极性,从而制约装备产业链协同的稳定性,不利于装备产业链军地协同的发展。所以建立一个公平、合理的利益分配方法,对装备产业链整体利益的增加进行合理的分配,是装备产业链军地稳定协同的重要保证。

假设在实施装备产业链军地协同之前,军队单位与地方组织、企业之间是传统的合作关系,在军方用户所需装备保障周期中它们所得到的利益为$\{P_1, P_2, \cdots, P_n\}$($n$为装备产业链成员总数),装备产业链整体利益为$P=\sum_{i=1}^{n} P_i$。通过实施装备产业链军地协同之后,整体利益得到了增加,其增加值为ΔP,即整体的利益为$P+\Delta P$。对于整体利益的增值,不能平均分配,应根据成员对整体利益做出贡献和担负风险的不同进行加权分配,这个比例应该由军地各方协商确定。假设在利益重新分配过程中,成员i利益分配比例为$0 \leqslant r_i \leqslant 1(i=1,2,\cdots,n)$,则成员$i$在实施装备产业链军地协同之后得到的利益为$r_i(P+\Delta P)(i=1,2,\cdots,n)$。

3. 军地协同信任机制

军地协同关系形成于装备产业链管理环境下,存在于为了特定目标和利益的装备产业链军地成员主体之间。但由于复杂的国际形势和变幻莫测的战争需求使得装备产业链面临的环境越来越复杂,装备产业链各成员不能完全预见未来的所有变化,因此在装备产业链的运行过程中必不可少地会遇到各种各样对军地协同不利的因素。如果处理不好就会影响装备产业链的军地协同水平,降低装备产业链整体效益。建立军地之间的协同信任机制,互相之间坦诚地协商处理装备产业链协同过程中遇到的风险,共同解决问题,可以保证各成员能够共同应对各种不利因素,提高装备产业链的稳定性。在军地协同过程中,信任实质上是一种战略资源,能有效地促进分工协作,减少交易成本,从而增强成员各自的核心竞争优势,进一步增进产业链整体竞争力,但关键是如何建立装备产业链成员之间的信任机制。

军地协同信任机制建立过程如图 6-2 所示，主要步骤包括：测定军地协同对信任的需求；分析影响军地协同的信任因素；评价备选协同合作伙伴信用等级；选择合适的协同成员并与其建立长期战略合作伙伴关系，从而达成相互之间的较为长期、稳定的信任，即形成军地协同信任机制。

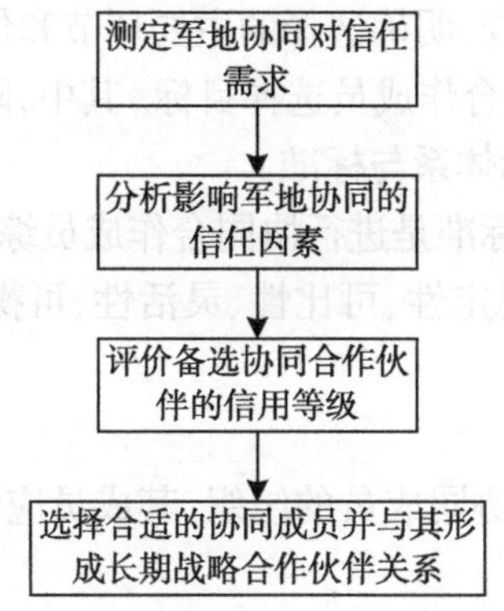

图 6-2　军地协同的信任机制建立过程

建立军地协同信任机制的最终目的是选择合适的协同成员，并与其形成长期战略合作伙伴关系。这也是装备产业链军地成员间实现互相信任的基础。选择合适的协同成员的一般步骤如图 6-3 所示。

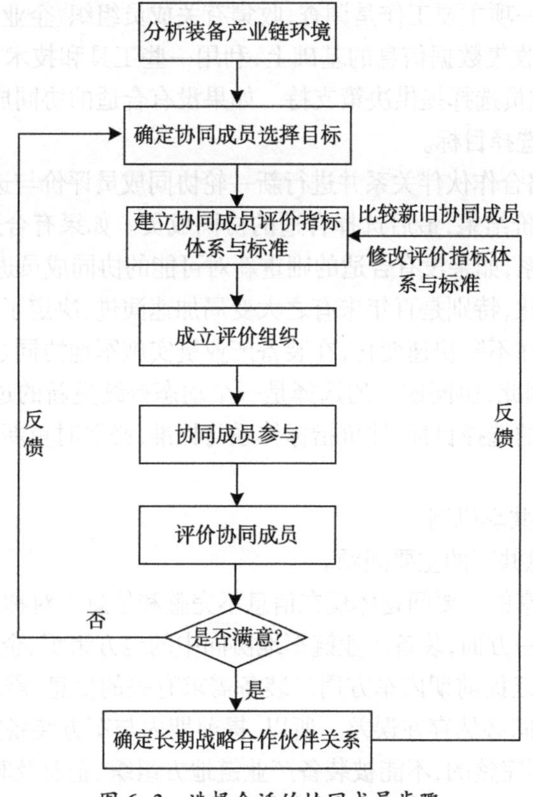

图 6-3　选择合适的协同成员步骤

(1)分析装备产业链环境。

装备产业链成员间要建立基于信任、合作、开放的长期战略合作伙伴关系,首先必须分析环境。在了解可能的协同合作成员的资源、竞争力,分析军方用户对装备产品的需求情况的基础上,判断现有的协同合作成员是否满足要求、是否需要重新选择协同合作成员。

(2)确定协同成员选择目标。

制定协同合作成员选择流程,明确选择的主要环节和信息以及各个环节的组织方法,而且必须确定实质性、可实现的合作成员选择目标。其中,降低成本可以是主要目标之一。

(3)建立协同成员评价指标体系与标准。

协同成员评价指标体系与标准是进行协同合作成员综合评价的抓手与依据。应遵循系统全面性、简明性、科学性、稳定性、可比性、灵活性、可操作性等原则,建立协同成员综合评价指标体系及标准。

(4)成立评价组织。

建立一个控制和适时评价协同成员的组织,其成员应包含产业链管理人员和相关业务人员。

(5)协同成员参与。

在实施协同成员评价时,评价组织必须与初步选定的协同成员取得联系,以确认其是否愿意建立战略合作伙伴关系,是否有获得更高绩效水平的愿望。评价组织应尽早让协同成员参与到评价过程中。

(6)评价协同成员。

评价协同成员的一项主要工作是调查、收集有关成员组织、企业的生产运营与管理等方面的数据信息。在收集数据信息的基础上,利用一些工具和技术方法对可能的协同成员进行评价,为协同成员选择提供决策支持。如果没有合适的协同成员可选,则需要调整或重新确定协同成员选择目标。

(7)确定长期战略合作伙伴关系并进行新一轮协同成员评价与选择。

根据协同成员评价结果,最后选择合适的协同成员。如果有合适的协同成员则可以建立长期战略合作关系,如果没有合适的则重新对可能的协同成员进行评价与选择。

国际形势不断变化,特别是百年未有之大变局加速演进,决定了军队装备建设发展和军方用户装备需求也在不断快速变化,在装备产业链实施军地协同过程中,对协同成员的要求也在不断变化,因此,协同成员的选择是一个动态持续更新的过程,可以根据实际需要及时修改协同成员的选择目标、评价指标体系与标准,必要时重新进行协同成员的评价与选择。

4. 军地协同信息共享机制

(1)军地协同信息共享的主要问题。

军地协同信息共享的主要问题体现在信息不完整和信息不对称两个方面。

①信息不完整。一方面,装备产业链军地协同中的地方组织、企业一般要提前预测军方装备需求。由于缺乏提前期内军方用户装备需求有关的信息,需求预测及资源准备与军方用户实际需求之间必然存在误差。所以,提前期内与军方装备需求有关的信息对地方组织、企业而言是不完整的,不能被装备产业链地方组织、企业及时、充分地利用。另一方面,提前期内的军方装备需求也容易发生变化,因为军方用户的装备需求始终会随着国

际形势、科学技术的变化而变化，存在一定的随机性。如果提前期较长，军方用户装备需求与装备产业链地方组织、企业的需求预测之间的差距会更大。

②信息不对称。由于军地双方的成员在装备产业链上所处的位置不同，军队后勤与装备保障系统成员与地方组织、企业成员客观上存在信息分布不对称的问题。然而装备产业链有着独特的信息沟通机制，上游成员多依赖相邻下游的订单来判断需求，常常表现为所有成员通过环环相扣的订单信息相互沟通，当需求信息传递到地方成员时，往往会在一定程度上放大军方用户的需求。这种情况加剧了军地成员间信息不对称程度，造成装备产业链上资源向上不断增加的情况，也就是装备产业链资源的“牛鞭效应”，降低了装备产业链整体效益。

（2）军地协同信息共享的措施。

①签订信息共享合同。军地成员信息共享是装备产业链军地协同合作的基础，没有双方之间的信息共享就不可能实现双方在各个业务流程上的协同。但是军队后勤与装备保障系统与地方组织、企业是互相独立的实体，双方在信息共享过程中都是以自身利益最大化为原则，往往会出现一些投机主义、利己主义的思想，加之军队后勤与装备保障系统信息保密要求高，都制约着军地协同信息共享。因此，在装备产业链军队后勤与装备保障系统成员与地方成员之间进行信息共享时可以签订信息共享合同，对双方在信息共享过程中应履行的义务进行明确的约定，把信息共享提升到法律的高度，防止信息共享过程中出现不道德行为和泄密行为，确保军地协同信息高效共享。

②建立信息共享激励机制。在军地协同信息共享过程中可以建立信息共享激励机制，调动军地双方成员信息共享的积极性。信息共享激励机制主要是对军地双方成员在信息共享时所做出的努力进行评价，根据军地成员对信息共享做出的贡献进行不同程度的奖励或处罚。

③建立信息共享平台。信息共享平台是装备产业链军地成员之间进行信息共享的主渠道和重要途径。在传统的装备产业链中，军地成员之间也存在一定的信息交流，但这种信息交流以业务流程为牵引，主要以订单的形式表现。不同的业务流程引起不同类型的信息在军地成员间的传递，使信息共享的水平低、成本高。因此，在装备产业链军地协同过程中可以建立信息共享平台，收集军地各种有用信息建立信息数据管理系统，使成员随时能够访问所需数据信息，提高装备产业链军地成员信息共享的水平和效率。

④明确规定共享信息的内容和相关标准。在装备产业链军地成员信息共享过程中可以明确规定共享数据信息的内容和标准。根据军地协同的实际需要，军地成员间协商共享信息的内容，明确在信息共享过程中具体数据信息及各种数据信息在采集、储存、处理、传输、应用等过程中的标准。

⑤成立专门的信息共享监管组织机构。在军地信息共享过程中，军地双方应组织专业人员成立一个专门的信息共享监管组织机构，对协同过程中的信息共享进行监管，同时负责对双方共享信息的实施全流程监管与控制。这个信息共享监管组织机构由军地各成员单位的相关专业人员组成，并轮流担任领导职务。

6.2.3　军内协同机制分析

装备产业链军内协同是装备产业链相关的军队内部各个成员之间的协同。军内协同过程中各个成员均属于军队后勤与装备保障系统，它们的共同目标是提高装备建设发展质量与效益。各成员互相之间属于一种任务式的协同关系，在协同过程中不存在利益分配以及互不信任等问题。装备产业链军内协同机制主要包括激励机制和信息共享机制。

1. 军内协同激励机制

虽然装备产业链军内协同是军队内部各个成员在提高装备建设发展质量与效益的共同目标下进行的一种任务式协同，但在协同过程中，军队内部各成员往往仅以完成具体的阶段性、局部或分项任务为目标，很少积极主动地提高装备体系的质量和整体效益。因此，在军队内部各个成员之间的协同过程中应建立一定的激励机制，提高各成员单位协同的主动性和积极性。

（1）激励主体和客体。

装备产业链军队内部各个成员是在军委统一指挥领导下实施对军方用户装备建设与保障，因此，军内协同激励机制中的激励主体是军委机关或各个成员的直接领导机构。可以通过采取一定的激励手段提高各个成员协同的主动性和积极性。激励客体是装备产业链中军队内部各个成员。军内各成员在有效激励下充分地协同，提高装备建设与保障的质量和整体效益。

（2）激励目标。

激励目标主要是通过某些激励手段，调动装备产业链中军内各个成员的积极性，使军队内部各个成员充分地协同合作，为实现装备建设发展目标而共同努力、形成有效合力。

（3）激励手段。

在激励理论中，激励手段主要有物质激励、精神激励和情感激励。在装备产业链中军内协同激励机制的激励手段主要体现在对军队内部各个成员的精神激励。通过有效的精神鼓励，不断调动各成员之间协同的主动性和积极性。军内协同的激励也包括正激励和负激励两类，对于军内协同表现良好的成员应当实施正激励，进一步提高其协同的积极性，不断提升协同效应；对于协同表现不好的成员应当实施负激励，使其不断改进协同行为。军内协同激励手段主要有：一是对于协同表现良好的成员，通过立功、授奖、通报表彰等手段进一步提高其协同积极性和水平；二是对于协同表现不好的成员，通过通报批评、问责、处分等手段进行惩罚，促使其改进协同行为。

2. 军内协同信息共享机制

实现协同信息在军队内部各成员之间快速、准确地传递是提高装备产业链运行绩效和装备建设质量效益的前提。装备产业链军内协同的信息主要包括军队内部各级装备管理保障系统的信息以及军方用户的装备需求信息。各级装备管理保障系统的信息反映了其保障军方用户装备需求的能力。军方用户的装备需求信息也反映了对装备建设与管理保障的要求，也是军队各级装备管理保障系统制订装备保障计划方案的基本依据。

军方用户的装备需求信息通过各级装备管理保障部门逐级申报，这种信息传递模式环节多、速度慢、易失真，降低了信息传递的质量和效率，影响军事装备建设管理与保障的质量和综合效益。因此，建立军队内部协同信息共享机制，实现各个成员之间的信息顺畅共享，可以减少信息传递环节，加快信息传递速度，同时提高各级装备管理保障系统的透明度和工作质量。实现装备产业链军队内部协同信息共享机制的主要措施包括：建立装备产业链军队内部信息共享平台，明确规定共享信息的内容和相关标准。

（1）建设装备产业链军队内部信息共享平台。

通过建设信息共享平台收集军方用户的装备需求信息以及各级装备管理保障系统的数据信息，进行数据信息集中处理、发布，军内各个成员运用现代信息技术对信息共享平台上的信息进行访问和利用，实现军内协同信息高效共享。使装备需求信息可以在各个成员之间的快速、准确、按需传递，同时各级装备管理保障系统的信息也可以在各成员之间实现共享，提高装备建设与保障效益。

（2）明确规定共享信息的内容和相关标准。

在军内协同信息共享过程中应明确规定共享信息的内容和相关标准，根据军内协同的实际需要，制定有关法规、制度和标准，规范共享信息的内容，明确信息共享过程中的具体数据信息要求以及各种数据信息在采集、储存、处理、传输、应用等过程中的标准。

6.3　装备产业链信息协同

装备产业链是从地方供应商、承制方、军方有关部门到军方用户的一条装备需求链和保障链。装备产业链上各成员间既相互独立又相互联系，各成员之间信息协同是实现装备产业链协同的基础，只有让装备产业链上各个成员充分认识到信息协同的重要性，建立合理、有效的信息协同机制并通过高效的信息协同途径才能实现装备产业链上各成员之间的信息协同，保证装备产业链各项协同活动的顺利实施。研究装备产业链信息协同主要是弄清哪些信息需要进行协同，为什么要进行协同以及如何实现协同。

6.3.1　信息协同的内容

装备产业链上的各成员在进行决策时，需要两个方面的信息：一是需求信息，二是资源信息。在装备产业链运行过程中，需求信息主要表现为军方用户、军队后勤与装备保障系统对装备建设发展、管理保障等的需求。资源信息不仅来自装备产业链各成员内部，还来自装备产业链其他成员。装备产业链上各成员在确定了下游成员的需求后，通常要评价上游成员资源及自身拥有资源是否满足需要。

1. 需求信息

需求信息是装备产业链上各个成员做出决策的主要依据，在传统的装备产业链运行过程中需求信息主要以报表和订单的形式传递，在传递的过程中往往会出现需求信息向装备产业链上游不断放大的现象，形成装备产业链需求的“牛鞭效应”。在装备产业链协同过程中，为了提高装备产业链的整体效益、保障效益，装备产业链上各个成员需要对军方用户的需求信息进行共享，以便装备产业链上各个成员对协同活动进行合理决策。装备产业链协同过程中，需求信息主要有装备保障需求信息和装备采购需求信息。

（1）装备保障需求。

装备保障需求是指军方用户与军队后勤与装备保障系统对装备物资器材保障的需求。

（2）装备采购需求。

装备采购需求是指军队后勤与装备保障系统向装备产业链组织、企业采购军方用户所需装备物资器材及其保障服务的需求。

从装备产业链的结构可以看出,在装备产业链运行过程中,军队后勤与装备保障系统主要是起着衔接地方组织、企业与军方用户的作用。装备采购需求实际上是对军方用户需求的具体化。

2. 资源信息

资源信息是装备产业链上各个成员在了解下游成员的需求之后,对其上游成员资源及自身拥有资源的评价信息。资源信息主要包括各类资源库存信息、仓储信息、运输信息等。

对于军队后勤与装备保障系统来说,自身拥有的装备资源反映了及时、快速保障军方用户装备需求的能力,地方组织、企业装备资源反映了应急和持续保障军方用户装备需求的能力。

对于装备产业链地方组织、企业来说,自身拥有资源反映其在产业链中的支配地位与协同能力,军队后勤与装备保障系统的拥有的装备资源是制订采购、生产和服务保障计划的重要依据。

信息共享是装备产业链的各成员最常用的信息协同方式,通过获取装备产业链的需求信息、资源信息可以降低整个装备产业链的成本。

6.3.2 信息协同的价值

信息协同是装备产业链协同的基础,没有装备产业链各成员间顺畅、有效的信息协同,装备产业链协同运行将无法实现。在装备产业链中信息协同的价值主要体现在以下四个方面。

1. 提高装备产业链的可靠性

装备产业链上各成员之间是一种密切的合作伙伴关系,但由于它们所追求的具体目标各不相同,各自的运行方式也因组织管理方式、思维模式和组织文化的不同而不同,这也给装备产业链带来极大的不确定性。没有顺畅、有效的信息协同,装备产业链上每一个成员都无法了解其他成员的决策情况及整个装备产业链的运行情况,只能根据自身利益最大化的原则进行独立决策。这往往导致装备产业链各成员间的决策互相冲突,甚至与装备产业链的整体目标冲突,难以应对军方用户需求和环境的变化。因此,没有顺畅、有效的信息协同,装备产业链就像一盘散沙。只有实现装备产业链上各成员之间信息顺畅、有效的协同,装备产业链各成员才能以装备产业链整体目标为依据进行协同决策,才能共同应对装备产业链运行过程中的各种不确定性因素和风险,提高装备产业链的可靠性。

2. 调动装备产业链各成员协同的积极性

装备产业链的各成员组织、企业间存在相互合作的关系,各自又是独立的实体,在装备产业链协同运行过程中各成员协同决策、协同活动,提高装备产业链的整体效益。通过信息协同可以使各成员了解到自己与其他成员对装备产业链整体做出的贡献,促进利益的合理分配,同时也防止成员在协同过程中的投机和不道德行为,从而调动装备产业链各成员参与协同的主动性和积极性。

3. 降低装备产业链的运行成本

装备产业链的运行成本很大程度上决定了装备产业链的效益。而运行成本一直居高不下的主要原因就是信息协同不充分,使得军方用户的需求信息向上游不断扩大,上游不得不提高资源占有量和准备量以满足下游及军方用户的需求,从而使得装备产业链的总体运行成本大幅增加,资源占有成本居高不下。通过装备产业链上各成员间信息协同,实现需求和资源信息共享,可以使各成员对军方用户及下游的需求做出比较准确的判断,达到降低装备产业链整体成本、提高装备产业链整体效益的目的。

4. 协调解决装备产业链成员间的矛盾冲突

装备产业链各成员既然是互相独立的实体,都有自身的组织目标,有时成员目标间存在明显的矛盾冲突。尤其是军队后勤与装备保障系统和地方组织、企业之间,完全是在各自目标或利益驱使下,以契约的形式联合在一起,只有当本身的利益和整体的利益都得到提高时,装备产业链协同才能不断地发展。没有成员间顺畅、有效的信息协同,装备产业链协同运行是难以实现的。因此,装备产业链成员间的信息协同是保证装备产业链协同运行的前提,也是协调解决成员间目标矛盾与冲突的基础。

6.3.3　信息协同的模式

装备产业链的信息协同主要有点对点模式和第三方模式两种。

1. 点对点模式

点对点模式是指装备产业链成员之间通过自身建立的内部信息系统,各成员直接把其他成员传递来的信息存放在自己的信息系统的数据库中。在这种模式中,信息直接从提供方传输给需求方,不需要经由其他数据转换或储存中心,信息的提供和获取是多对多关系,即共享信息在多个信息系统(或数据库)间传递。

这种信息协同模式的好处在于协同双方有明确的信息需求,总体的数据规划,相应的数据标准,一方的信息输出就是另一方的信息输入,数据传输持续平稳,数据协同合作周期长、关系稳定,安全性高。但是对于不同的信息需要不同的交换方式,增加了数据信息传输的成本。

2. 第三方模式

第三方模式是由装备产业链上独立于其他成员的专门的信息管理机构对各方的信息进行收集、处理,并在装备产业链适当的成员范围内发布。在信息的收集过程中,各成员的数据信息由专门人员互相独立地收集,收集之后进行专门处理,然后在装备产业链共同信息平台或数据库中发布,以供其他相关成员访问使用。这样既可以实现装备产业链上各成员的信息协同,同时也保证各成员信息的安全,特别是由于装备产业链的特殊性,这样可以保证军队的内部信息安全得到有效保护,防止有关信息泄露。

由于装备产业链上各成员的信息都要在这个共同的信息平台上进行协同,以及装备产业链的特殊性,所以信息管理机构的作用对保证装备产业链信息协同的顺利实施极其重要。信息管理机构既需要对信息完整地收集,又要负责将信息数据快速、准确地传输,以保证信息协同的顺畅、高效。另外,在信息协同的过程中需要对成员的信息协同活动进行监督,防止投机和不道德行为。

第三方模式对装备产业链各成员的信息系统没有限制,有些成员甚至可以没有自己的信息系统,可适用于装备产业链中不同信息化水平的成员。采取第三方模式可以对装备产业链上各成员的信息进行集中处理,有利于提高信息协同的水平。但对公共数据信息提供方的硬件设备要求较高,信息处理与集成实施难度较大。

综合比较两种不同模式的信息协同,第三方模式更有利于实现装备产业链信息协同。为了表达的方便,在后续内容中,将信息协同管理机制和信息数据库统一起来,用信息平台实现和表示。

6.3.4 信息协同的实现

1. 信息协同的主要障碍

(1)各成员追求利润最大化带来的障碍。

虽然信息协同能够解决装备产业链运行过程中的很多问题,实现各成员的“共赢”,提高装备产业链的整体绩效。但装备产业链各成员合作与竞争关系并存,每个成员都不可避免地以追求自身利润的最大化为目标。根据波特的竞争战略理论,装备产业链各成员在与其他成员进行业务往来时,为获得更多的利益,通常会保留某些私人信息,如需求信息、需求预测、专用资源信息等。装备产业链中的成员通常也不愿意分享其全部私有信息。

(2)“囚徒困境”的博弈结果。

两个成员是否相互进行信息协同是一个“囚徒困境”博弈,如表6–1所示。表中给出了成员A、成员B的不同行为状态下的收益(损失),即双方都进行信息协同的情况下,分别得到10个单位和12个单位的收益。当成员A进行信息协同而成员B为了得到15个单位的收益选择不进行信息协同时,成员A将遭受5个单位的损失。反之,当成员B进行信息协同而成员A选择不进行信息协同时,成员A得到15个单位的收益而成员B将损失5个单位。当成员A、成员B双方都不进行信息协同时,都将遭受损失,分别为3个单位和4个单位。

表6–1 信息协同博弈收益(损失)

		A行为	
		协同	不协同
B行为	收益方	A B	A B
	协同	10 12	15 –5
	不协同	–5 15	–3 –4

由表6–1可知,在成员合作博弈的纳什均衡并不是双方都进行信息协同,而是双方相互背叛,即假定在不知道对方采取什么行为的情况下,两个成员都将选择不进行信息协同以获取更大的收益,没有成员会积极选择信息协同。

(3)信息协同带来的额外收益在产业链中分配不均。

一方面,信息协同过程中共享的信息主要来源于下游成员,而收益的增加却主要体现在上游成员。由于各个成员有自己的利益,如果整体收益的增加不能合理分配到各成员,必然造成部分成员抵制信息协同共享,甚至由此破坏装备产业链上各成员的协同合作关系。另一方面,信息协同过程中下游成员向上游成员提供自己的私有信息会增强上游成员在装备产业链内部支配地位,使下游成员在装备产业链运行过程显得更加被动,以至于完全受上游成员的支配,从而获得更少的利益。

(4)信息的安全性要求。

装备产业链涉及军队内部与军队外部相关组织、单位,在装备产业链协同过程中,军队后勤与装备保障系统与地方单位都会考虑自己信息安全性问题,保证秘密信息不会泄露。尤其是军队后勤与装备保障系统有关数据信息可能涉及军事秘密,在装备产业链信息协同过程中,在军队后勤与装备保障系统成员与地方成员进行信息协同时,可能会泄露一些军事秘密,如军方用户的需求情况、军队有关单位装备保障情况等。同时地方成员也有许多自身的商业秘密,如销售数据、生产能力、专用资源等。这些信息的安全性要求对于装备产业链信息协同也是一个比较大的障碍。

(5)信息技术带来的障碍。

信息技术条件是信息协同的基本要求和基础,没有良好的信息技术条件,完全靠人工的信息传递无法实现高效的信息协同。尽管随着现代科学技术的发展,组织、企业的信息化水平得到了空前提高,但还不能完全满足信息协同的要求,尤其是低起点的中小组织、企业,信息系统功能简单,基础技术服务应用少,许多组织、企业使用和驾驭信息技术的能力还相当欠缺,再加上军队后勤与装备保障系统的信息水平由于一些客观原因也存在短板与不足,使得装备产业链信息协同遇到了信息技术瓶颈、障碍。具体表现为:

①信息传递的完整性、正确性难以满足要求。装备产业链中的信息往往比较复杂,信息内容繁杂,来源渠道多,呈现形式多样,信息简化、标准化处理以及传输、运用过程中必然存在完整性、正确性等问题。

②信息传递的及时性难以保证。由于装备产业链链条长、环节较多、节点数量更是庞大,各种信息的迅速、及时传递和反馈便显得尤其重要,直接关系成员间的协同有效性,而且装备产业链的运行效率和成本也依赖信息传递的及时性。

③信息的安全性难以完全保证。在信息协同过程中,装备产业链上各成员通过信息平台进行信息协同或共享,信息安全性是一个不容忽视的突出问题。如果在信息协同过程中泄露了地方成员的商业秘密,或是泄露了军队后勤与装备保障系统的军事秘密,必将给装备产业链造成严重的后果或不可估量的损失。

④信息标准化的难度相当大。装备产业链信息协同的范围广、内容极其复杂,因此,信息的采集、存储格式,处理、传输技术方法等都需要建立相应的标准,使信息能在各个成员之间正确地传递,被每个成员正确理解和运用。信息标准的制定既要与国际标准接轨,又要考虑国内和军内的相关标准及实际情况,信息标准化的难度与工作量相当大。

2. 信息协同的激励与约束

(1)成员间信息协同博弈分析。

①没有信息协同激励的博弈分析。装备产业链成员在没有实施信息协同激励时,博弈时面临两种选择:进行信息协同、不进行信息协同。在此,对成员作如下假设:

a. 成员行为具有不确定性:每个成员都可选择进行信息协同或不进行信息协同。

b. 成员个体具有理性:成员的目标是追求自身利润最大化,不考虑整体效益是否最大,即以自身最小的投入,获得最大的收益。

在上述假定下,当进行信息协同有利于成员自身时,成员采取信息协同的合作行为;当不进行信息协同有利于自身利益时,成员采取不进行信息协同的非合作行为,而不考虑是否会给其他成员造成损失。

②激励条件下的信息协同博弈分析。在实施激励的情况下,激励包括正激励与负激励,即信息协同可以获得更多的利益(正激励),而不进行信息协同则损失更多的利益(负激励)。装备产业链各成员还是有两种选择:进行信息协同、不进行信息协同。假设条件与前面一样。两个成员间的信息协同博弈收益(损失)如表6-2所示。

表6-2 激励条件下的信息协同博弈收益(损失)

		A行为	
		协同	不协同
	收益方	A B	A B
B行为	协同	10 12	5 -5
	不协同	-5 5	-13 -14

在存在激励的情况下,不进行信息协同的成员损失将比没有进行激励时更大。假设成员A、成员B不进行信息协同都多损失10个单位(负激励),可以对比表6-1和表6-2中成员不进行信息协同时的收益值。在此博弈中,纳什均衡是两个成员都选择信息协同,即信息协同是成员的最佳选择,个体理性与集体理性达到统一。通过博弈分析可见,在一定的激励措施下,装备产业链上各成员是能够实现信息协同的。通过对没有信息协同激励以及实施信息协同激励两种情况下装备产业链成员之间的信息协同博弈分析可以看出:当没有信息协同激励时,装备产业链上各成员在进行信息协同博弈时的最优选择是都不进行信息协同;而在实施信息协同激励后,各个成员的最优选择是进行信息协同。这就证明了信息协同激励对实现装备产业链成员之间的信息协同的重要性。

(2)信息协同的激励与约束机制。

从博弈分析可以看出,在没有信息协同激励时,装备产业链各成员会选择不进行信息协同,在这种选择条件下各成员可以获得最大的利益;而在实施信息协同激励后,装备产业链各成员的最佳选择是进行信息协同。所以建立合理、有效的信息协同激励机制是实现装备产业链信息协同的重要保证。

在装备产业链运行过程中,建立信息协同机制的目的在于创造装备产业链整体最大效益,提高装备保障质量、效能。然而,装备产业链中各成员本质上还是各自独立的实体,各成员难免会因为利益驱使而产生投机行为,从而损害装备产业链的整体效益或其他成员的利益,进而影响装备保障质量、效能。因此,既要建立并不断完善信息协同激励机制,更要完善信息协同行为约束机制。装备产业链信息协同的激励与约束机制应当重点突出以下方面:

①尽可能满足成员的真实需求。基于信息协同的装备产业链成员,其各自的投入与所得比传统装备产业链更加透明。各成员在协同合作过程中,仍然追求利益最大化。只有实现各成员利益与装备产业链整体利益同时增加,才会使得成员间的协同关系维持下去。因此,信息协同激励首先要考虑尽可能满足各成员个体的真实需求,即实现各成员利益的增值。一般情况下,装备产业链信息协同的激励主要可以通过对进行信息协同的成员实施物质奖励,以及对由信息协同带来装备产业链整体效益增加的利益重新进行合理分配,使装备产业链成员能够明确地意识到,通过信息协同给自身带来了利益的增加,从

而提高其信息协同的主动性和积极性。

②持续完善信任机制。装备产业链各成员之所以能充分信任其他成员的行为动机与结果,基于两个基本条件:一是该成员拥有对诚信行为实施奖励、对机会主义行为实施惩罚的机制;二是对某成员的信任,来源于其在所处行业中有着优良的信誉记录和极佳的口碑。装备产业链成员间的彼此信任通常是实现装备产业链信息协同的重要因素、前提条件。因此,在装备产业链信息协同过程中,各成员间应该建立长期的战略合作伙伴关系,消除相互间对信息协同的担忧。尤其是在军队后勤与装备保障系统与地方组织、企业之间进行信息协同时,互相之间的信任是进行信息协同的重要基础。

③严格规定并落实负激励。对于装备产业链成员在信息协同中出现的投机行为,要严格地规定并落实相应的惩罚措施,不管是物质处罚、法律处罚,淘汰出装备产业链,还是在其所处行业公开其不诚信行为,总之要让其承受巨大的损失,真正起到慑止各种不良行为的作用。装备产业链各成员都是理性的个体,在这种情况下也就不会轻易地采取投机、不道德等不良行为。通过严格规定并落实负激励达到约束各成员行为的作用,保证装备产业链信息协同的顺利实施。

3. 实现信息协同的主要环节

由于装备产业链各成员是互相独立的实体,都以自身利益最大化为原则。实现装备产业链各成员的信息协同,首先,要提高各成员参与信息协同的积极性和主动性;其次,要建立完善信息协同的技术条件、平台及具体方式方法;最后,需要制订信息协同风险防范措施,保证各成员在进行信息协同过程中自身利益不会受到损害。

(1)提高各成员信息协同的积极性和主动性。

装备产业链各成员绝不会仅为了提高装备产业链的整体效益,提高装备保障质量、效能,而忽略了对自身利益最大化追求。因此,要建立并持续完善装备产业链信息协同激励机制,诱导装备产业链各成员互相之间进行信息协同,同时对实现信息协同后装备产业链增加的利益重新进行合理分配,使各成员尽可能得到与其贡献相应的利益,从而促使各成员积极、主动地参与装备产业链信息协同。

(2)建立并持续完善各种信息技术条件。

装备产业链信息协同是建立在信息技术支撑基础上的,没有必要信息技术条件支持装备产业链信息协同是难以顺畅实现的。因此,装备产业链运行过程中应当促使各成员努力建立并不断完善各自信息技术条件,持续提高成员自身及整个产业链的信息化水平。

(3)建立并持续完善信息协同平台。

装备产业链信息协同主要采用信息协同模式中的第三方模式,即建立装备产业链信息协同平台,由专门组织对装备产业链各成员的信息进行收集、处理以及发布。

在建立装备产业链信息协同平台之后,应对装备产业链各个成员以及信息平台的信息进行分级管理,通过装备产业链各成员之间的协商授予各个成员相应的访问权限,各成员在访问其他成员信息时实行角色访问控制。

①装备产业链成员分级管理。根据装备产业链各成员之间的关系将装备产业链各成员分为一级合作伙伴、二级合作伙伴、三级合作伙伴等。一级合作伙伴是指非常重要的合作伙伴,双方合作时间最长,业务联系最紧密,信任等级最高;二级合作伙伴通常是指一般的合作伙伴,双方的合作时间不是太长,业务联系得不是很紧密,还没有形成稳定的信任

关系；三级合作伙伴是指可有可无的合作伙伴，双方之间的业务来往很少，偶尔合作一次，下一次业务来往时间不确定，双方之间不是很了解，几乎没有信任可言。

成员之间合作伙伴等级也是相对的、动态的。比如，地方某承制单位长期和军队后勤与装备保障系统某部门合作，双方合作等级比较高，互为一级合作伙伴，在应急或战时地方承制单位提供的装备物资器材也可能不经过军队后勤与装备保障系统其他单位而直接运送或保障给军方用户，这时地方承制单位对于军方用户来说可能只是一般合作伙伴。

②信息分级管理。由于不同级别的合作伙伴提供或所需的信息内容不同，以及装备产业链的特殊性，装备产业链中涉及许多涉密信息，因此，将装备产业链上的信息按合作伙伴级别也划分成相应等级，并对装备产业链各成员授予不同信息等级的访问权限。如划分为0级、1级、2级、3级等。

0级信息：无须授权，装备产业链中任何级别的合作伙伴均可访问、使用的信息。

1级信息：经授权，只允许三级合作伙伴、二级合作伙伴和一级合作伙伴访问、使用的信息。

2级信息：经授权，只允许二级合作伙伴和一级合作伙伴访问、使用的信息。

3级信息：经授权，只允许一级合作伙伴访问、使用的信息。

每个成员可发布0级、1级、2级、3级信息至信息协同平台；每个信息协同主体（一级合作伙伴、二级合作伙伴、三级合作伙伴等）根据被授予的权限，分别访问、应用各自权限范围的信息；没有被授权的信息，信息协同主体则不能访问。

③实行角色访问控制。在装备产业链信息协同过程中实行角色访问控制。地方单位、军队部门以及军方用户把各种信息分级发布于信息协同平台，然后各成员按自己的访问权限访问信息。角色访问控制模型如图6–4所示。

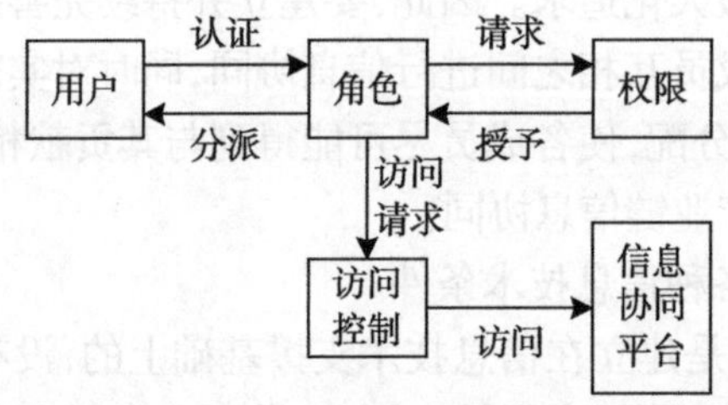

图 6–4 角色访问控制模型

将装备产业链成员根据信息协同关系，定义其角色为一级合作伙伴、二级合作伙伴、三级合作伙伴等，分别授予其权限为0级、1级、2级等，将装备产业链各成员各类信息以及信息协同平台中各类信息为0级、1级、2级等。

装备产业链各成员在定义好合作伙伴等级后，将自身拥有的信息按照不同的等级发布于信息协同平台。各成员根据“角色等级—权限等级—信息等级”匹配的原则访问或使用信息协同平台。这样就保证了装备产业链各成员能够获得其应访问的信息，同时也保证了信息协同的安全性，确保装备产业链成员间顺畅、安全地进行信息协同。

（4）制订信息协同风险防范措施。

由于信息协同对装备产业链运行的重要性以及各种类信息对成员间协同的重要性，装备产业链成员难以避免为了自身的利益而隐瞒部分信息等不良行为，给装备产业链信息协同带来一定的隐患和风险。将装备产业链成员进行分级，对信息实施角色访问控制虽然能在一定程度上保证信息的安全，降低相关风险，但仍需要从以下几个方面采取防范措施，确保信息协同安全、顺畅，尽可能地降低信息协同过程可能的风险。

①制订法规制度。把装备产业链成员的信息协同用具有法律效力的法规制度、合同协议等文件规范起来，明确规定信息协同的内容、范围、方式等，使装备产业链各成员受到必要的法律约束。装备产业链成员如果在信息协同过程中采取不良行为将受到严厉的处罚。

②加强信息安全管理。装备产业链上各个成员的信息都要通过各种信息渠道、载体和网络汇聚到信息协同平台，因此，各种信息渠道、载体和网络安全是一个不容忽视的问题，各成员应加强各方面信息安全的管理，通过必要的技术安全措施和管理方法手段保证信息的安全。

③成立专门的监管组织机构。装备产业链军地系统应组织专业人员成立一个专门的信息协同监管组织机构，对信息协同过程和信息协同平台运行进行监管，同时负责对各成员信息的采集、存储、传输和处理等过程进行监管。

6.4 装备产业链资源协同

6.4.1 资源协同的内在动因

资源是装备产业链的重要基础和组成部分，资源成本是装备产业链主要成本之一，装备产业链协同的重要内容之一就是装备产业链成员间的资源协同。在装备产业链运行过程中，各成员之间的信息不畅通等原因，导致军方用户的需求信息向上游成员不断地被放大。为了满足军方用户的需求，确保装备保障效能，装备产业链上各个成员不断提高资源保证水平，从而使得装备产业链成员的资源需求向上游不断地被放大，形成装备产业链资源需求的“牛鞭效应”，从而极大增加了装备产业链的成本，影响了装备产业链效益和装备保障经济性。资源协同就是充分分析影响装备产业链资源成本的原因，利用各种资源协同策略降低装备产业链的资源成本，提高装备产业链的整体效益，从而提高装备保障效能和经济性。

1. 资源需求“牛鞭效应”

“牛鞭效应”是对需求信息扭曲在装备产业链中放大传递的形象描述，表现为军方用户的需求信息的逐级放大效应，致使装备产业链成员的资源需求水平向上游逐级放大。“牛鞭效应”的基本思想是：当装备产业链各成员只根据来自与其相邻的下游成员的需求信息进行生产或供应决策时，需求信息的不真实性或不完全性会沿着装备产业链逆流而上，出现逐级放大的现象。当需求信息到达装备产业链的起点成员时，其所获得的需求信息和军方用户实际的需求信息发生了很大的偏差。为了满足军方用户的需求，在装备产业链运行过程中，装备产业链上成员需要通过提高资源供应量以应对下游成员的资源需要。从而使得装备产业链上各成员的资源供应水平向上游逐级放大，使整个装备产业链资源成本居高不下，降低了装备产业链的整体效益，严重制约了装备发展速度和保障效益。

2. 资源需求“牛鞭效应”的成因

装备产业链运行过程中，资源需求“牛鞭效应”的产生主要有以下三个方面的原因：

（1）军方用户需求不确定性。

军方用户的需求通常是随机的，具有显著的不确定性，且需求变化范围较大。不同时间对不同装备物资器材有不同的需求，为了满足军方用户变化范围较大的需求，保证装备保障效能，军队后勤与装备保障系统不得不提高装备采购和储存数量，地方承制方、供应商为了满足军队后勤与装备保障系统的采购和储存需求，也需要提高生产规模以及增加资源采购、准备与供应量，这使得装备供应链成员的资源采购、储存、消耗、供应大大超过了军方用户的真实需求，形成了装备产业链资源需求的“牛鞭效应”，导致装备产业链的资源成本逐级不断扩大，显然降低了装备产业链的运行效益。

（2）资源供应间隔期。

资源从装备供应链成员发出采购订单到接收之间往往需要有一个时间间隔，称为资源供应间隔期，又称为资源供应提前期。由于资源供应间隔期的客观存在，为了保证在某个特定时间得到所需的资源，就必须提前一个资源供应间隔期进行预先订购，而在这段资源供应间隔期内的需求往往又会发生变化，是不确定的、随机的。资源供应间隔期越长，实际资源需求与资源采购订货之间的偏差就越大，这也从另一方面导致了装备产业链资源需求“牛鞭效应”。

（3）资源价格波动。

由于军队装备保障资源是有限的，同时军方用户所需装备物资器材及装备产业链成员拥有的相关资源的价格随着市场环境的变化而持续波动变化。通常装备产业链成员在所需资源价格较低时大量采购、储存，在资源价格较高的时候减少采购数量、增加供应数量。这一过程也人为地增大了军方用户装备保障需求、装备产业链成员资源需求的波动变化特性，加剧了装备产业链资源需求“牛鞭效应”。

总之，装备产业链“牛鞭效应”的产生主要由于装备产业链各成员之间不能进行及时的资源需求信息准确沟通，致使各个成员不能及时、准确地了解到下游成员真实的资源需求信息。另外，由于装备产业链各成员之间缺少良好的协同合作，缺少科学、合理的资源控制策略与方法，因此，装备产业链资源协同，首先，要保证装备产业链成员间的信息协同，实现成员间的资源需求信息及时共享，使各个成员能及时、准确地掌握相关方资源需求信息，有效控制资源需求信息在装备产业链各环节的放大效应；然后，通过科学、合理的资源控制策略和方法对装备产业链成员的资源采购、储存、供应等环节进行有效控制，以达到资源成本最低的装备产业链运行效果。

6.4.2 军地资源协同策略

装备产业链运行过程中，军队后勤与装备保障系统有关单位向地方承制方采购军方用户所需的资源（装备物资器材），并负责资源的储存以及对军方用户的供应与保障。在这个过程中，军队后勤与装备保障系统主要起到衔接承制方和军方用户的作用，因此军队后勤与装备保障系统的功能与地方承制方之间存在一定的交叉、重叠，在许多情况下完全可以由地方直接实施对军方用户的资源供应与保障，军队后勤与装备保障系统只对整个过程进行组织、监督、协调，只需拥有适当的资源供应、储存和保障能力。因此，军队后勤与装备保障系统与地方承制方之间的资源协同主要可以通过地方承制方采取资源管理技术方法对资源进行控制来达到军地资源协同的目的。

1. 承制方资源管理方法

供应商管理库存(Vendor Managed Inventory,VMI)也称为寄销库存,是装备产业链环境下的一种常用的承制方资源管理方法。与传统资源管理方法完全相反,VMI 以销售商、供应商、承制方各方都获得最低成本为目的,在一个共同的协议下由承制方、供应商对资源库存进行管理,并不断监督协议的执行情况和修正协议内容,使资源库存管理得到持续改进的合作性策略。

供应商管理库存的基本内涵:销售商把资源库存决策权代理给承制方或供应商,由承制方或供应商代理分销商或军队后勤与装备保障系统行使库存管理和订货决策的权利。一方面实现了由终端销售信息拉动的上下游信息共享,使得承制方或供应商在下游用户的协助下更有效地做计划;另一方面是寄售方式的运作,在一个合作协议下由承制方或供应商管理甚至拥有资源库存直到用户将其售出、供应或保障。

与此相对应,在装备产业链中军队后勤与装备保障系统与地方承制方或供应商在一个共同的协议下,军队后勤与装备保障系统将资源采购、储存决策权交给地方承制方或供应商,由地方承制方或供应商管理甚至拥有军队后勤与装备保障系统的资源,在实施对军方用户的保障过程中,军队后勤与装备保障系统为地方承制方或供应商提供军方用户的需求信息,以便其合理地确定资源采购、储存水平。当然,装备产业链中军队后勤与装备保障系统有关单位对地方承制方或供应商具有依据法规、合同进行必要的监管职责。

2. 承制方资源管理实施原则

供应商管理库存能够突破传统的条块分割的资源管理模式,以系统的、集成的管理思想进行资源管理,使军队后勤与装备保障系统与地方承制方或供应商能够获得同步化的运行。因此,承制方资源管理依赖于军队后勤与装备保障系统与地方承制方或供应商的良好协同合作。在协同合作中军地双方需要共同遵守以下基本原则:

(1)协同合作原则。在承制方资源管理实施过程中,军地双方相关单位都要有较好的协同合作精神,才能够相互保持较好的资源协同。而这种协同合作是建立在彼此的信任与信息高度透明基础上的。同时,这种协同合作还需要在合同协议中明确约定,以此规范和约束各方的行为。

(2)互惠互利原则。基于装备产业链的承制方资源管理追求的就是一种“共赢”的结果,只有使装备产业链整体效益与军地各方利益同时得到增加才有利于协同合作的稳定发展。因此,在实施承制方资源管理过程中要对装备产业链的整体效益的增加进行合理的分配,保证形成“共赢”局面。

(3)连续改进原则。承制方资源管理是一种军队后勤与装备保障系统与地方承制方或供应商之间的资源协同合作策略。军地双方在一个相互都认可的目标框架协议下由地方承制方或供应商管理军队后勤与装备保障系统的资源,这样的目标框架协议在执行过程中应经常性地监督和动态修正,以产生一种连续改进的协同合作环境,根据军方用户需求变化、装备产业链环境变化等做出适时调整,不断地完善和改进双方的资源协同合作,使各方的目标能与装备产业链系统目标始终保持相对一致性。

3. 资源管理的主要模式

按照产权的归属和资源储存的地点，装备产业链的资源管理有按计划执行、地方自主管理、军地联合管理和军方“零库存”4种主要模式。

（1）按计划执行模式。

在这种模式下，资源产权属于军队并存放于军队仓库，适用于必须由军队自己管理的资源（装备物资器材）。军队拥有资源所有权，由军队自己管理。在这种模式下，装备产业链上的承制方、供应商对库存资源没有管理和控制权限，只是按照军队资源采购需求计划对资源进行适时补充。

（2）地方自主管理模式。

在这种模式下，资源产权属于军队并存放于承制方或供应商仓库，适用于由承制方或供应商代为储存的资源（装备物资器材）。军队拥有资源所有权，由承制方或供应商管理资源库存。在这种模式下，承制方或供应商的职责范围有所扩大，除了执行军队的采购计划、轮换计划、出库计划和补货计划外，还负责对资源库存进行全面管理，并将资源库存信息置于军方实时可视状态，便于军队掌握资源管理情况。军队也定期派人到资源储存地点进行点验、检查和验收，保证储备资源的数量准确、质量完好，运行管理符合法规、合同要求。

（3）军地联合管理模式。

在这种模式下，资源产权属于承制方或供应商并储存于军队仓库，适用于一些低值易耗资源（装备物资器材）的管理。由于这些资源通常使用频繁、消耗量大，如果存放在承制方或供应商的仓库，那么就要求承制方或供应商频繁地配送，又因为这些物资价值较低，频繁地配送势必会增加资源运输和管理成本。因此，将一定量的这些资源存放在军队仓库，既可以降低频繁配送带来的成本，又可以充分利用军队的仓储设施。在这种模式下，军队和承制方或供应商可以共同设置订货点，当资源库存下降到订货点时由承制方或供应商进行补充。仓库等设施的使用费用和资源日常管理问题可以通过军地协商以合同或协议形式解决。

（4）军方“零库存”模式。

在这种模式下，资源产权属于承制方或供应商并储存于供应商仓库，通常适用于价值高、消耗量不大的资源（装备物资器材）的管理。军队没有资源的所有权，并由承制方或供应商根据对军队需求的预测进行资源生产和管理，当军队产生需求时，承制方或供应商根据军方采购订单将资源配送供应到军方指定地点，军方实现了资源“零库存”。在这种模式下，承制方或供应商几乎承担了资源相关的所有责任，它们的管理行为很少受到军队的干涉，承制方或供应商可以十分清楚地了解到自己产品的储存、使用情况，是一种完整意义上的承制方管理资源方式。承制方或供应商可以采取在用户所在地或分销中心储存资源，以求根据需要及时、快速地供应、补充给军方用户，资源产量、库存水平由承制方或供应商决定。

6.4.3 军内资源协同策略

装备产业链运行过程中，军方用户所需资源（装备物资器材）通常由地方承制方或供应商送达军队后勤与装备保障系统内部三级储备系统，最后保障军方用户，在这个过程中,资源分别储存在军队各级储备库中,由相关保障力量在储备系统之间以及储备系统与军方用户间实施资源保障。特殊应急情况下也可以由地方承制方或供应商将资源直接保障到军方用户,如图 6–5 所示。

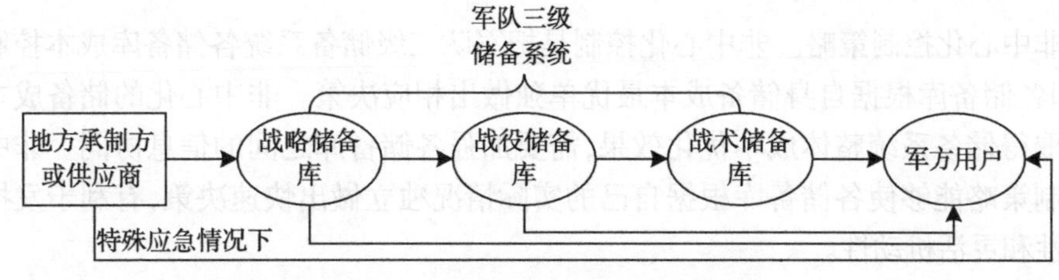

图 6–5　资源供应军方用户过程示意图

军内资源协同的目的是在满足保障需求和战备要求的前提下,使装备产业链整个军队内部各个成员总的资源管理成本最小,但是,军内现行的资源管理模式是从各级储备系统内部优化的角度去考虑资源管理成本问题,因而并不能使整体达到最优,为此需要对战略、战役、战术三级储备库之间进行资源协同管理优化与控制。可以运用多级储备优化和控制理论与方法,对军队内部储备系统资源协同管理进行全局性优化与控制。

1. 多级储备资源协同策略

(1)储备成本的结构。

多级储备控制中,各级储备的成本主要由维持成本、交易成本、缺货损失三个部分构成。

①维持成本。各级储备系统都维持有一定的资源量,以保证满足军方用户的需要。这些资源维持成本包括资金成本、仓库及设备折旧费等。维持成本与资源价值和数量的大小有关。假设 C_s 表示军内三级储备系统总维持成本;h_i 表示在单位周期内第 i 级储备库单位资源的维持成本;V_i 表示第 i 级储备库的资源量,那么,整个维持成本 C_s 可以表示为

$$C_s = \sum_{i=1}^{3} V_i h_i \tag{6.1}$$

②交易成本。各级储备库之间在保障过程中产生的各种费用,包括准备订单、运输、检验、人工等费用。单位资源交易成本随着资源交易量的增加而减少。交易成本用 C_T 表示。

③缺货损失。缺货损失是由于不能满足保障需求,即第 i 级储备库中资源量 $V_i = 0$ 或小于需求数量,给部队作战、训练、战备等活动中装备保障造成的损失。缺货损失与资源量大小有关。储备库资源量越大,缺货损失越小,反之,缺货损失大。但是储备库资源量过大将增加资源维持成本,将缺货损失表示为 $C_L=\varepsilon q$;其中 q 表示资源缺货数量,ε 表示单位资源缺货损失。

(2)储备成本控制策略。

①中心化控制策略。采用中心化控制的优势在于能够对各级储备库的资源总水平有一个较全面的掌握,能够协调各级储备库之间的保障活动。中心化控制策略将储存成本控制的中心放在储备系统的核心储备库上,由核心储备库对各级储备库的资源储存成本

进行控制，协调各储备库之间的资源保障活动。中心化控制的目标是使整个储备系统总的储备成本 TC 最低，即

$$\min \mathrm{TC} = C_{\mathrm{S}} + C_{\mathrm{T}} + C_{\mathrm{L}} = \sum_{i=1}^{3} (C_{\mathrm{S}i} + C_{\mathrm{T}i} + C_{\mathrm{L}i}) \tag{6.2}$$

②非中心化控制策略。非中心化控制是把军队三级储备系统各储备库成本控制相对独立，即各储备库根据自身储备成本最优单独做出相应决策。非中心化的储备成本控制策略要取得储备系统整体成本优化效果，需要加强各储备库之间的信息协同。非中心化多级控制策略能够使各储备库根据自己的实际情况独立做出快速决策，有利于发挥其独立自主性和灵活机动性。

2. 多级储备成本优化控制方法

(1)问题描述。

①优化目标：在给定的三级储备系统中，外部对系统的需求以恒定速度发生时，确定各级储备库的成本控制策略，使得整个系统的储备成本最低。

②军队三级储备系统主要负责军方用户所需装备资源的储存与供应保障，其作用类似于地方分销商。

③军队储备资源以单一装备物资器材为例，允许缺货。

(2)符号说明。

设三级储备系统中战略、战役、战术储备库的某资源，单位维持成本分别为 h_1、h_2、h_3；单位缺货损失分别为 ε_1、ε_2、ε_3；交易成本分别为 t_1、t_2、t_3；总需求量分别为 D_1、D_2、D_3；交易（申请或订货）批量分别为 Q_1、Q_2、Q_3；最高储存量分别为 S_1、S_2、S_3。

(3)最优储备策略分析。

对于任意一级储备库，考虑某资源的维持成本、缺货损失、交易成本，其储备成本最小化目标函数为

$$\min \mathrm{TC}_i(S_i, Q_i) = \frac{h_i S_i^2}{2Q_i} + \frac{\varepsilon_i (S_i - Q_i)^2}{2Q_i} + \frac{t_i D_i}{Q_i} \tag{6.3}$$

由式(6.3)可以求得任意一级储备库的最优经济交易（申请或订货）量为

$$Q_i^* = \sqrt{\frac{2t_i D_i (h_i + \varepsilon_i)}{\varepsilon_i h_i}} \tag{6.4}$$

最优储存数量为

$$S_i^* = \sqrt{\frac{2t_i \varepsilon_i D_i}{h_i (h_i + \varepsilon_i)}} \tag{6.5}$$

整体分析军队三级储备系统总维持成本、总缺货损失、总交易成本分别为

$$C_{\mathrm{S}}(S_i, Q_i) = \sum_{i=1}^{3} \frac{h_i S_i^2}{2Q_i} \tag{6.6}$$

$$C_{\mathrm{L}}(S_i, Q_i) = \sum_{i=1}^{3} \frac{\varepsilon_i (S_i - Q_i)^2}{2Q_i} \tag{6.7}$$

$$C_{\mathrm{T}}(S_i, Q_i) = \sum_{i=1}^{3} \frac{t_i D_i}{Q_i} \tag{6.8}$$

因此,军队三级储备系统总储备成本最小化目标函数表示为

$$\min \mathrm{TC}(S_i,Q_i)=\sum_{i=1}^{3}\left(\frac{h_iS_i^2}{2Q_i}+\frac{\varepsilon_i(S_i-Q_i)^2}{2Q_i}+\frac{t_iD_i}{Q_i}\right) \tag{6.9}$$

对战术储备库进行分析,通常情况下,资源的流向是从战略储备库到战役储备库,再到战术储备库,战术储备库储备成本控制最小化目标函数为

$$\min \mathrm{TC}_3(S_3,Q_3)=\frac{h_3S_3^2}{2Q_3}+\frac{\varepsilon_3(S_3-Q_3)^2}{2Q_3}+\frac{t_3D_3}{Q_3} \tag{6.10}$$

可以求得其最优经济交易(申请或订货)量为

$$Q_3^*=\sqrt{\frac{2t_3D_3(h_3+\varepsilon_3)}{\varepsilon_3h_3}} \tag{6.11}$$

最优储存量为

$$S_3^*=\sqrt{\frac{2t_3\varepsilon_3D_3}{h_3(h_3+\varepsilon_3)}} \tag{6.12}$$

①对战役储备库进行分析。首先不考虑对战术储备库的影响,运用迭代法求出其最优经济交易(申请或订货)量和最优储存量,分别记为 Q_2^* 和 S_2^*,然后分析对战术储备库的影响,可分以下两种情况:

当 $\frac{(Q_2^*-S_2^*)D_2}{Q_2^*}\leqslant\frac{(Q_3^*-S_3^*)D_3}{Q_3^*}$ 时,即战役储备库的总最优缺货量小于等于战术储备库的总最优缺货量。战役储备库对战术储备库没有影响。此时 Q_2^* 和 S_2^* 即分别为战役储备库的交易(申请或订货)量和储存量的最优值。

当 $\frac{(Q_2^*-S_2^*)D_2}{Q_2^*}>\frac{(Q_3^*-S_3^*)D_3}{Q_3^*}$ 时,即战役储备库的总最优缺货量大于战术储备库的总最优缺货量。此时,战役储备库的储备成本最小值函数为

$$\min \mathrm{TC}_2(S_2,Q_2)=\frac{h_2S_2^2+t_2D_2+(\varepsilon_2+\varepsilon_3)(Q_2-S_2)^2}{2Q_2}-\frac{\varepsilon_3D_3(Q_3^*-S_3^*)(Q_2-S_2)}{D_2Q_3^*} \tag{6.13}$$

从式(6.13)可以得到战役储备库的交易(申请或订货)量和储存量的最优值分别为

$$Q_2^*=\sqrt{\frac{8t_2D_2h_2(h_2+\varepsilon_2+\varepsilon_3)(\varepsilon_2+\varepsilon_3)-h_2\varepsilon_3(\varepsilon_2+\varepsilon_3)(Q_3^*-S_3^*)}{4h_2^2(\varepsilon_2+\varepsilon_3)^2}} \tag{6.14}$$

$$S_2^*=\frac{\sqrt{8t_2D_2h_2(h_2+\varepsilon_2+\varepsilon_3)(\varepsilon_2+\varepsilon_3)-h_2\varepsilon_3(\varepsilon_2+\varepsilon_3)(Q_3^*-S_3^*)}-h_2\varepsilon_3(Q_3^*-S_3^*)}{2h_2(h_2+\varepsilon_2+\varepsilon_3)} \tag{6.15}$$

②对战略储备库进行分析。首先不考虑对战役储备库和战术储备库的影响,运用迭代法求出其交易(申请或订货)量和储存量的最优值,分别记为 Q_1^* 和 S_1^*,然后考虑以下三种情况:

当 $\frac{(Q_1^*-S_1^*)D_1}{Q_1^*}\leqslant\frac{(Q_3^*-S_3^*)D_3}{Q_3^*}$ 时,即战略储备库的总最优缺货量小于等于战术储备库的总最优缺货量。此时 Q_1^* 和 S_1^* 即分别为战略储备库的交易(申请或订货)量和储存量的最优值。

当$\frac{(Q_3^* - S_3^*)D_3}{Q_3^*} < \frac{(Q_1^* - S_1^*)D_1}{Q_1^*} \leqslant \frac{(Q_2^* - S_2^*)D_2}{Q_2^*}$时,战略储备库的储备成本最小化目标函数为

$$\min \mathrm{TC}_1(S_1, Q_1) = \frac{h_1 S_1^2 + t_1 D_1 + (\varepsilon_1 + \varepsilon_3)(Q_1 - S_1)^2}{2Q_1} - \frac{\varepsilon_3 D_3 (Q_3^* - S_3^*)(Q_1 - S_1)}{D_1 Q_3^*} \tag{6.16}$$

战略储备库的交易(申请或订货)量和储存量的最优值分别为

$$Q_1^* = \sqrt{\frac{8t_1 D_1 h_1 (h_1 + \varepsilon_1 + \varepsilon_3)(\varepsilon_1 + \varepsilon_3) - h_1 \varepsilon_3 (\varepsilon_1 + \varepsilon_3)(Q_3^* - S_3^*)}{4h_1^2 (\varepsilon_1 + \varepsilon_3)^2}} \tag{6.17}$$

$$S_1^* = \frac{\sqrt{8t_1 D_1 h_1 (h_1 + \varepsilon_1 + \varepsilon_3)(\varepsilon_1 + \varepsilon_3) - h_1 \varepsilon_3 (\varepsilon_1 + \varepsilon_3)(Q_3^* - S_3^*)} - h_1 \varepsilon_3 (Q_3^* - S_3^*)}{2h_1 (h_1 + \varepsilon_1 + \varepsilon_3)} \tag{6.18}$$

当$\frac{(Q_1^* - S_1^*)D_1}{Q_1^*} > \frac{(Q_2^* - S_2^*)D_2}{Q_2^*}$时,战略储备库的储备成本最小化目标函数为

$$\min \mathrm{TC}_1(S_1, Q_1) = \frac{h_1 S_1^2 + t_1 D_1 + (\varepsilon_1 + \varepsilon_2)(Q_1 - S_1)^2}{2Q_1} - \frac{\varepsilon_2 D_2 (Q_2^* - S_2^*)(Q_1 - S_1)}{D_1 Q_2^*} \tag{6.19}$$

战略储备库的交易(申请或订货)量和储存量的最优值分别为

$$Q_1^* = \sqrt{\frac{8t_1 D_1 h_1 (h_1 + \varepsilon_1 + \varepsilon_2)(\varepsilon_1 + \varepsilon_2) - h_1 \varepsilon_2 (\varepsilon_1 + \varepsilon_2)(Q_2^* - S_2^*)}{4h_1^2 (\varepsilon_1 + \varepsilon_2)^2}} \tag{6.20}$$

$$S_1^* = \frac{\sqrt{8t_1 D_1 h_1 (h_1 + \varepsilon_1 + \varepsilon_2)(\varepsilon_1 + \varepsilon_2) - h_1 \varepsilon_2 (\varepsilon_1 + \varepsilon_2)(Q_2^* - S_2^*)} - h_1 \varepsilon_2 (Q_2^* - S_2^*)}{2h_1 (h_1 + \varepsilon_1 + \varepsilon_2)} \tag{6.21}$$

在分别考虑战略、战役、战术三级储备库成本控制过程中,由于保障资源的流向确定了战术储备库是单独控制,因此可以求出其交易(申请或订货)量和储存量的最优值。然后分别对战役和战略储备库进行分析,利用缺货量大小不同的约束条件,对各级储备库之间的相互影响进行分析,从分析结果可以看出:当上级储备库的缺货量小于等于下级储备库的缺货量时,上级储备库不受下级储备库的影响;而当上级储备库的缺货数量大于下级储备库的缺货数量时,其储备决策将受到下级储备库的影响。通过分析战略、战役、战术三级储备库之间缺货数量的具体情况,可以分别求出各级储备库存交易(申请或订货)量和储存量的最优值。

这里只是以储备成本最小作为目标函数,在实际运行过程中可能不仅要考虑储备成本,还要考虑储备空间、配送成本、保障时间等问题,通常是一个多目标优化的复杂问题。

6.5 装备产业链协同风险

装备产业链是从地方承制方、供应商到军方用户的一条资源供应链,也是一条资源需求链。装备产业链成员是相对独立的实体,都是以自身利益最大化为原则,在协同运行过程中可能出现不道德、不诚信等不良行为,给装备产业链运行带来不确定性和损失。此外,在整个装备产业链运行过程中,无论是内部还是外部,都存在许多不确定性因素或发生不确定性事件,不同程度影响着装备产业链成员之间的协同程度和水平,甚至造成装备产业

链产生不可估量的损失,这些因素或事件给装备产业链协同带来了风险。装备产业链协同风险通常是由多种复杂因素或事件引起的,在市场竞争日趋激烈的复杂环境下,对风险事先预防和控制非常必要也必不可少。因此,在装备产业链协同过程中,应充分结合装备产业链和环境特点,对可能遇到的不确定性风险因素进行分析,并运用有效的风险预防和管理措施进行风险防范,降低装备产业链风险发生概率及可能造成的损失。

6.5.1　风险及风险特性

不同学科领域对风险的内涵、外延的理解和阐释有所不同。对装备产业链而言,可以将可能导致装备产业链损失的状态称为危险。风险就是对某一危险发生的可能性和严重程度的综合度量。装备产业链风险本质上就是对引发、造成损失的事件发生的可能性以及损失严重程度的综合度量。风险是一种不确定性,包括损失发生的不确定性或损失程度的不确定性。装备产业链协同风险是指在装备产业链协同运行过程中,装备产业链内部和外部的一些不确定因素给装备产业链各成员以及装备产业链整体运行效益造成损失的可能性及损失的严重程度。

为了更好地理解装备产业链协同风险,需要了解其基本特性,即风险本身固有的一些特定属性。这些特性体现了风险与风险主体(风险发生对象)之间的关系。

1. 客观性

客观性意味着风险的存在、影响不依赖人的意志、愿望,也不随人的意志、愿望而转移。但是风险的客观性并不代表对风险无能为力,可以利用现有的要素、资源对风险进行预防和克服,将风险的影响(造成损失的可能性及损失的严重程度)降低到最低或可接受的程度。

2. 强制性

强制性即风险是强加于风险主体的,主体一旦做出某种决策、实施某种行为,就不得不接受相关客观存在风险的挑战和考验,难以完全回避或超越。

3. 多样性

风险因素来自多个领域、多个方面,并且风险的后果会通过多种渠道和方式体现出来或传播开来。

4. 结合性

风险现象是由风险因素与其他因素在特定风险环境中结合而成的。其中,风险因素居于主导地位,没有风险因素的诱导,风险事实就不会实际发生,但其他因素也不是完全被动的,它们在一定程度上配合或制约风险现象的发生。

5. 随机性

一种风险事实是否实际发生,发生于何处,以及损失大小、危害程度,都带有一定的偶然性,这是风险难以控制的原因之一。

由于风险具有以上特性,会对风险主体带来损失和危害,因此,必须对装备产业链协同过程中的风险进行分析预测,并对装备产业链协同过程中可能出现的风险进行控制,使风险造成损失的可能性及损失的严重程度降到最低。

6.5.2 风险管理及其过程

从风险的特性可知,风险是客观存在的,并不是所有的风险都能被控制而降为零,也不是所有的风险都不可预测,因此需要积极主动地对待、控制和监管风险。装备产业链协同风险管理就是识别危险的存在,根据其来源判断其后果,并采取有效的方式,避免危险发生或将危险发生的不利后果控制在一定范围内的科学和艺术。其目标是通过识别、测量和控制危险相关的不确定因素或事件来实现损失最小或获利最大。

风险管理过程通常分为风险分析和风险控制两个阶段。风险分析阶段主要包括确定风险管理目标与要求、策划风险管理工作、识别危险、分析和评价危险等环节。风险控制阶段主要包括制订风险应对计划、评价风险控制方案、消除危险或降低风险、监督并跟踪危险等环节。风险分析的重要性绝不低于风险控制。风险分析是风险管理的第一步,也是一项具有巨大挑战性的任务。识别危险是一种对将来不确定事件的预测。识别出危险后,要对危险进行科学的分析和评价,因为不同危险发生的可能性和影响程度不同,通过分析和评价得出较重要的和影响较大的危险,确定出风险控制的优先级,最后采用相应的方法和措施进行风险控制。风险管理的过程如图 6–6 所示。

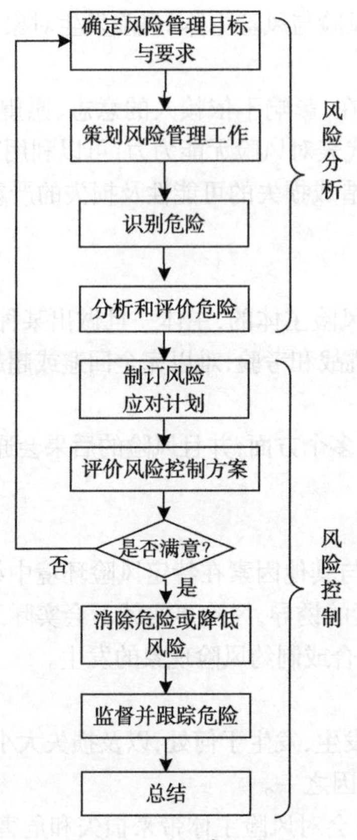

图 6–6 风险管理过程

1. 风险分析

风险分析是在确定风险管理目标与要求的基础上,策划整个装备产业链协同风险管理工作,将装备产业链协同可能面临的各种危险具体化,认清装备产业链协同过程中可能存在哪些危险，并对这些具体化后的危险进行分析和评价，并确定风险控制优先级的过程。风险分析的目的是为设计最经济、使风险最小的控制方案提供必要的信息，如果没有实施必要的风险分析而直接引入风险控制方案，有时候会适得其反，甚至带来新的风险。

风险分析中最重要的一个环节就是识别危险，只有准确无误地识别出装备产业链协同过程中可能存在的危险才能对它进行针对性管理控制。识别危险是整个装备产业链风险管理过程最重要的环节之一。识别危险的目标是充分分析装备产业链协同过程中可能遇到的不确定因素或事件，创建危险清单。危险清单应该是全面的，覆盖装备产业链协同过程中可能遇到的所有方面。危险清单应该根据风险管理进展不断动态更新。

2. 风险控制

风险控制是指在对装备产业链协同进行风险分析，确定了可能遇到的危险后，制订风险应对计划，评价具体风险控制方案，根据方案采取具体的措施消除危险或降低装备产业链协同风险，并对装备产业链协同依然存在的危险进行跟踪，不断总结经验教训，持续完善装备产业链协同风险管理过程。

（1）制订风险应对计划。

风险应对计划就是针对装备产业链协同风险制订的控制计划。风险应对计划主要活动有：

①对可能产生风险的事件、环节、情况进行设想，并对影响装备产业链协同效益的关键因素进行分析。列出可能发生风险的主体，可能发生风险的环节，风险可能发生的时间和情况；为制订风险应对计划提供依据。

②制订风险控制方案。风险控制方案是指应对风险、预防风险发生的一系列选择措施。通常风险应对的策略主要有接受、避免、减缓、分担和转移等，选择不同的风险应对策略就意味着采取不同的风险控制方案。

③制订风险行动计划。风险行动计划详细说明了所选择的风险控制方案，并将方案加以文档化、制度化。完成计划就明确了风险行动的方向，下一步就是按照计划行动。

（2）风险控制方案评价。

主要对装备产业链协同风险的各控制方案的成本及效果进行评价，目的是通过评价尽可能采用经济、有效的风险控制方案。如果经过评价，发现该风险控制方案并不能满足装备产业链协同风险控制的目标，或者收效甚微，则应该重新进行风险控制方案的制订，或者从头开始，重新进行风险的识别、分析、评价，制订风险控制方案。最后，将能处理某种风险的、最有效的风险控制方案备案记录，形成制度化管理方式。

（3）消除危险或降低风险。

采取计划的行动以消除装备产业链协同过程的危险或者降低装备产业链协同危险发生的可能性或危害的严重性。目标是根据在风险应对计划中制订的风险应对策略执行所有的应对计划。主要的任务是执行风险的行动计划，成功地完成计划中的所有行动。在风险的计划过程中，应该为实施的行动计划分配责任。分配到实施计划行动的责任者，必须按照计划中制订的控制方案确保计划的完成，自始至终地履行自己的责任。除此以外，在实施行动计划时还需要提供足够的资金、设备和其他必需的资源，以完成行动计划。同时要对行动计划实施进行必要的监督，以确保按照既定的风险应对策略和控制方案采取行动，并达到预期的控制目标。

(4)监督并跟踪危险。

监督风险应对计划行动,确定行动计划当前所处的状态,并对装备产业链协同进行评价,以找到新危险的迹象或者对已降低到可接受水平的风险进行持续跟踪监控。其目标是收集准确的、及时的、与计划实施情况有关的信息,以及装备产业链协同程度和水平变化的主要信息,这些变化的信息往往能够指示出新危险的出现或者已有风险的明显改变。监督并跟踪危险时需要完成的任务主要有:收集定量信息来度量计划的实施情况,让决策者了解当前的状态;如果出现新的危险,则需要报告给相关的人员;一旦发现有新的危险产生或者已有风险发生变化,应该由指定的人员调整计划,做出及时、有效的纠正措施,并决定是否标识出装备产业链协同所面临的新危险;如果出现新危险,则应进行相应的风险管理工作。监督并跟踪危险应该提供给装备产业链协同决策者一种高效的方法,以跟踪行动计划的进展、新危险是否产生和已有风险是否改变。

(5)总结。

总结是风险管理过程的最后一个环节。这个环节是指风险管理过程的持续改进,强调通过装备产业链协同水平的提升和装备产业链上各成员间信任的加强以提高装备产业链的整体效益。总结应该是风险管理过程中持续不断的工作,可以在任何时间开始。关注三个主要的目标:首先,提供目前的风险管理活动的质量保证,获得正规的反馈;其次,总结经验教训,特别是风险识别和风险控制成功途径、策略和方法;最后,通过提取正规的反馈,不断改进风险管理过程,持续提高风险控制效果。

6.5.3 装备产业链协同风险分析

1. 装备产业链协同主要风险

装备产业链运行过程中会受到来自多方面的许多不确定性因素的影响,造成装备产业链协同风险。装备产业链协同风险主要包括外部风险和内部风险两个方面。

(1)外部风险。

装备产业链协同外部风险是指装备产业链外部环境的不确定性因素给装备产业链协同带来的风险。

①经济环境的不确定性。经济环境的不确定性主要包括汇率的变动、经济萧条引起的整个社会经济滑坡、经济高速增长等的不确定性。经济环境的不确定性给装备产业链协同带来的风险主要表现为对地方承制方、供应商的影响,如造成地方承制方、供应商原材料短缺,生产成本增加等,进而给装备产业链协同带来风险。

②社会、自然环境的不确定性。社会、自然环境风险主要包括恐怖事件、危机事件、重大自然灾害、政策法规大调整等的不确定性,从而给装备产业链协同造成一些不可控制的风险。

③国际战略格局和战场环境的不确定性。装备产业链协同最主要的外部风险还来自于复杂国际战略格局和战场环境变化对装备产业链协同的影响。装备产业链协同的目标就是要提高装备保障效能和效益。国际形势和战略格局的变化通常难以预料,现代信息化条件下高技术战争,战场不再是传统意义上战场,战场环境异常复杂多变,装备保障的难度空前加大;保障力量、保障的物资、保障条件随时随地都可能遭受敌方的打击,装备产业链的任何关键环节、任何资源都会成为攻击对象,给装备产业链协同带来空前严重的风险。

(2)内部风险。

装备产业链协同的内部风险是指在装备产业链运行的过程中,装备产业链成员之间相互合作关系的不确定性给装备产业链协同带来的风险。

①信息协同的不确定性。由于装备产业链各个成员是相对独立的实体,以及信息对各个成员至关重要,在装备产业链运行过程中难免会有个别成员为了自身的利益采取投机行为,在与其他成员进行信息协同的情况下隐瞒自身部分重要信息,以谋求更多的利益,从而给装备产业链协同带来风险。

②利益分配的不合理性。通过装备产业链各成员之间充分地协同运行使装备产业链的整体效益得到增加,在进行利益分配的时候往往会因为利益的分配不合理,打击部分成员协同的积极性,甚至出现部分成员拒绝参与协同现象,从而给装备产业链协同带来风险。

③信任关系的不牢固性。装备产业链各成员是为了实现提高效益的共同目标而联合在一起进行协同,但由于各个成员又是相对独立的社会经济实体,都难免以自身利益最大化为原则。在装备产业链协同的过程中经常会出现成员之间互不信任的现象,即部分成员间信任关系不够牢固,从而给装备产业链协同带来风险。

2. 军地协同风险

装备产业链上的地方承制方、供应商与军队后勤与装备保障系统在协同过程中是各自独立的实体。军地成员之间的协同通常以契约的形式进行。地方承制方、供应商生产军方所需的装备物资器材,由军队后勤与装备保障系统从地方承制方、供应商直接采购。军队后勤与装备保障系统与地方承制方、供应商之间存在利益分配不合理、互不信任、垄断、信息不对称等协同风险因素。

(1)利益分配不合理。

军队后勤与装备保障系统与地方承制方、供应商在协同的过程中,不同程度地共享了相关信息,从而提高了装备产业链的整体效益。如军队后勤与装备保障系统向地方承制方、供应商提供装备需求、采购计划、储备水平等信息,地方承制方、供应商向军队后勤与装备保障系统提供生产计划和资源等信息。但军队后勤与装备保障系统与地方承制方、供应商对装备产业链整体效益的贡献大小很难度量,当双方之间有一方认为付出与回报不成比例时,就会失去参与协同的积极性,甚至会采取一些不良行为,从而危害整个装备产业链的有效运行和整体效益。因此,各方获得的利益合理与否直接影响到军队后勤与装备保障系统与地方承制方、供应商协同的积极性,为装备产业链协同带来风险。

(2)互不信任。

在装备产业链协同过程中,军队后勤与装备保障系统与地方承制方、供应商相互独立,主要通过合同来约束军地双方协同行为,因此军地双方之间的信任是进行军地协同的前提,双方的信任程度直接影响协同风险。互不信任对装备产业链造成的危害很难定量表示。相互信任可促进军地之间的协同合作,提高装备生产与服务保障的柔性,在不可预测事件发生时提高双方的责任感和协同应对能力,抑制不良行为,从而降低各自及整个产业链的风险。特别是战时,军地之间的信任是装备产业链运行、实施装备保障的重要支撑因素。但如果军队后勤与装备保障系统和地方承制方、供应商互不信任,就会对装备产业链产生巨大的危害，严重制约装备保障效能的提高，不断降低装备产业链效益，甚至导致装备产业链瓦解。因此，装备产业链运行过程中军地双方的互不信任是一个很大的风险因素。

（3）垄断。

垄断是指军队后勤与装备保障系统固定向一家或者极少数地方承制方、供应商采购军方所需装备物资器材。装备产业链出现独家承制方、供应商垄断资源的现象，一方面，会不断降低装备产业链效益和装备保障效能；另一方面，有可能出现断链，导致装备产业链瓦解。

（4）信息不对称。

装备产业链中军队后勤与装备保障系统与地方承制方、供应商分属于两个不同体系，在装备产业链运行过程中难免会为了局部利益而隐瞒部分对全局有利的信息，造成军地协同过程中的信息不完整和信息不对称的问题，从而影响装备产业链效益，给装备产业链协同带来风险。

3. 军内协同风险

军内协同是装备产业链中军队后勤与装备保障系统各个成员（部门、单位）之间的一种任务式协同，通常不存在利益分配不合理和互不信任等问题。军内协同的风险主要来自于实施装备管理保障过程中环境变化以及由于信息协同不顺畅等因素。

（1）环境复杂多变。

环境复杂多变主要包括社会环境和战场环境复杂多变。社会环境变化包括国际、国内及区域政治、经济、军事、外交等形势的复杂多变。战场环境变化主要是指在现代信息化条件下，各种高新尖武器的运用，使战场态势瞬息万变，在战时各种装备保障力量、保障资源成为敌人重点打击目标之一，使得装备保障难度比以往任何时期更大，军队后勤与装备保障系统很难组织并实施精确、及时、高效的装备保障，作战部队多变的需求难以得到满足，极有可能会影响部队的持续作战能力，甚至影响战争的成败。因此，复杂多变的环境给装备产业链的军内协同带来巨大的风险隐患。

（2）信息协同不顺畅。

军内信息协同通常不会出现协同主体积极性不高以及为了自身利益故意隐瞒部分信息的问题。军内信息协同不顺畅主要是因为信息不能在军队后勤与装备保障系统多主体与地方承制方、供应商多主体之间及时、准确地传递，从而使得装备保障不能及时、准确地满足军方用户的需求。尤其是战时，在各种通信设施、设备遭到损毁的情况下，很可能使军队后勤与装备保障系统内部主体之间失去联系，无法实施装备保障。由于战场环境复杂多变，部队作战任务也在不断变化，部队的装备物资器材需求的规格品种、数量、时间、地点等都存在极大的不确定性，这也给军内装备保障信息协同提出更加苛刻的要求。军内信息协同不顺畅不仅给装备产业链的军内协同带来巨大的风险，也给部队作战和战局控制带来巨大隐患。

6.5.4 装备产业链协同风险控制

1. 军地协同风险控制

通过上述分析可知，军队后勤与装备保障系统与地方承制方、供应商之间存在利益分配不合理、互不信任、垄断、信息不对称等协同风险因素，导致在装备产业链运行业务流程上出现一些不确定性。因此，军地协同风险控制主要针对这些因素，尽可能地通过建立有效激励和合理利益再分配机制，提高各主体参与协同的积极性；通过建立军地长期长效合作关系，提高军地之间的信任度；通过营造有序竞争环境，拓宽资源供应渠道，避免或消除垄断现象，强健装备产业链体系；通过持续完善并落实信息协同机制，消除军地之间的信息不对称。

（1）建立有效激励机制。

应建立鼓励军队后勤与装备保障系统与地方承制方、供应商协同的有效激励机制。通过激励使军地双方能清楚地认识、真正感受到参与协同意义和益处，从而调动各成员主动协同的积极性，使装备产业链的运行更加顺畅，实现装备产业链及各成员共赢的目标。有效激励机制也是军地协同得以持续的重要保证。

（2）建立合理的利益再分配机制。

军队后勤与装备保障系统追求装备保障效能、效益最大化，地方承制方、供应商都追求自身利益最大化。装备产业链各成员充分协同后，装备产业链整体效益得到了增加，各成员都希望能够分配到更多的利益。应通过各方协商，根据各成员对装备产业链做出的贡献合理地分配增加了的利益。只有合理、公平地再分配装备产业链增加的利益才能持续维持装备产业链高效协同与顺畅运行。

（3）营造有序竞争环境。

为确保装备产业链资源的稳定供应，装备产业链各环节都应该始终保持多个承制方、供应商之间的合理竞争。这就需要营造有序竞争环境，持续培植竞争主体，在装备产业链各环节都形成多成员竞争并存、多链条并行运行的状态。绝不能仅依靠单个成员，否则一旦该成员出现风险问题，必将影响整个产业链的正常运行，甚至造成装备产业链断链或崩溃。除了培植竞争主体，还要不断拓展资源供应渠道，以及多种投资方式、物流方式、采购模式、保障方式。只有这样才能健壮装备产业链，有效应对和解决装备产业链瓶颈问题，预防协同的风险发生。

（4）落实信息协同机制。

由于存在信息不对称问题，难免造成装备产业链不必要的损失，因此，军队后勤与装备保障系统与地方承制方、供应商应充分地运用现代信息技术，通过建设各方信息协同平台并维持高效运行，确保信息协同机制持续完善并得到有效落实。

（5）提高军地之间信任度。

装备产业链的最终目的是保证装备建设发展质量、效益，满足军方用户的需求。装备产业链运行过程中，必须建立军队后勤与装备保障系统与地方承制方、供应商之间长期稳定的协同关系，以保证军地之间协作关系的连续性。因此，军队后勤与装备保障系统一定要选择合适的地方承制方、供应商，建立长期长效的战略合作伙伴关系，提高军地之间信任度。

2. 军内协同风险控制

（1）制定能够应对环境不确定性的装备保障预案。

由于社会环境及未来战场环境复杂多变，经常会出现一些不确定性因素，实施装备保障的难度空前增加，因此，军队后勤与装备保障系统应该针对可能出现的不确定因素和意

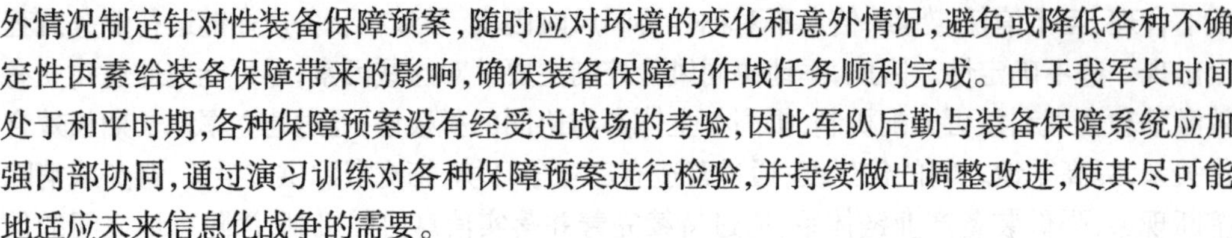

外情况制定针对性装备保障预案，随时应对环境的变化和意外情况，避免或降低各种不确定性因素给装备保障带来的影响，确保装备保障与作战任务顺利完成。由于我军长时间处于和平时期，各种保障预案没有经受过战场的考验，因此军队后勤与装备保障系统应加强内部协同，通过演习训练对各种保障预案进行检验，并持续做出调整改进，使其尽可能地适应未来信息化战争的需要。

（2）加强装备保障力量全面建设。

未来信息化战争中，装备保障力量是实施装备保障的主体，也是决定装备保障任务能否顺利完成的关键因素。因此，应不断加强装备保障力量全面建设，不断提高其未来战场适应能力和装备动态保障能力，保证装备产业链目标的最终实现。

（3）增强战时装备信息协同能力。

军队后勤与装备保障系统内部及与军方用户之间的信息协同是实现及时、准确装备保障的前提。平时条件下，军队后勤与装备保障系统与军方用户之间的信息协同可以很容易地实现；但战时条件下，信息与通信系统可能受到敌人的干扰破坏，使得相互间信息协同存在较大的风险隐患。一旦无法实现信息协同，装备保障就无法顺畅实施，作战部队的装备保障需求就难以满足。因此，为了控制军内信息协同风险，应着重增强战时装备信息协同能力，保证装备保障信息能及时、准确采集、传输、处理和运用，确保装备保障和作战行动的顺利、高效实施。

在对装备产业链协同各种可能出现的风险进行控制的过程中，应成立专门的组织机构、确定主要负责人，对各种风险应对计划、控制方案的实施情况进行监督，确保按照既定的风险控制策略和措施对风险进行有效控制和跟踪，预防风险的发生，消除或减缓风险的危害。同时对装备产业链协同运行过程中出现的新风险进行动态识别、监测、跟踪，并针对可能出现的新风险调整风险应对计划和控制方案，不断评价风险控制方案中各风险控制策略和措施对降低风险起到的实际作用，通过不断反馈和迭代，最终确定最有效、最经济的风险控制方案。

6.6 装备产业链协同平台

在装备产业链运行过程中，装备产业链成员之间在信息协同的基础上充分合作，对装备产业链各项活动进行决策，以实现提高装备产业链整体运行效益的目标。由于装备产业链涉及地方承制方、供应商，军队后勤与装备保障系统，军方用户等众多成员以及在装备产业链运行过程的众多环节，因此，构建装备产业链协同平台对提高装备产业链协同水平具有重要的保证作用。

6.6.1 构建装备产业链协同平台的目的

装备产业链协同平台是从提高装备产业链整体运行效益的目的出发，提高装备产业链成员之间信息协同水平，为各成员装备产业链活动决策打下基础，不断提高装备产业链协同绩效。同时，协调解决装备产业链运行过程中各个成员之间的矛盾、冲突，并对各成员的行为进行有效监督，以提高装备产业链稳定性。构建装备产业链协同平台的具体目的主要有以下几个方面：

(1)为地方承制方或供应商、军队后勤与装备管理保障系统、军方用户之间提供及时、准确的数据交换和信息协同渠道与方法手段,提高装备产业链各成员之间的协同效率,进一步提高装备产业链整体协同水平。

(2)促进装备产业链各成员对装备产业链运行过程中各项活动进行科学高效决策,降低装备产业链各环节的成本,提高装备产业链的整体效益,提高装备保障效能。

(3)协调解决装备产业链各成员之间的目标冲突和矛盾问题,以及各成员自身目标与装备产业链整体目标的冲突,引导装备产业链各成员为提高装备保障效能终极目标做出自己应有的贡献。

(4)协调解决装备产业链运行过程中各成员之间、局部与整体间的利益冲突,促进装备产业链整体效益在各成员之间合理、公平地分配。

(5)对装备产业链运行过程中各成员的行为进行监督,促使装备产业链各成员在协同过程中切实地履行自己的职责和义务,防止个别成员的不道德等不良行为影响装备产业链运行可靠性和发展稳定性。

6.6.2 构建装备产业链协同平台的原则

构建装备产业链协同平台必须遵循一定的基本原则,这是决定装备产业链协同平台是否满足装备产业链各成员的需要,是否能保证装备产业链长远发展的重要因素。构建装备产业链协同平台应遵循以下基本原则:

1. 平等原则

平等原则是构建装备产业链协同平台的首要原则。装备产业链协同平台是装备产业链上各成员的一个公共平台,平台的构建应对每个成员都是平等的。平等主要体现在平等参与平台建设管理决策的权利、平等参与平台建设各项计划活动的权利以及平等地利用平台公共资源的权利等方面。

2. 利益共享原则

装备产业链协同平台为装备产业链各成员之间的协同提供了物质基础,提高了装备产业链运行的效率与效益。通过建立并运行装备产业链协同平台提高的装备产业链整体利益,应为装备产业链每个成员所共享。

3. 实用性原则

装备产业链协同平台是装备产业链运行的重要基础条件之一,必须保证其长期实用性,能切实起到促进装备产业链各成员的协同与信息共享,同时能切实有效地监督管理每个成员的活动、行为,保证实现构建装备产业链协同平台的目标。

4. 兼容性原则

装备产业链成员通常都有自己的一套信息系统,数据的类型和传递方式可能会存在差异。为了发挥平台的最大效用,装备产业链协同平台建设过程中应当充分考虑与成员相关系统及社会公共系统的兼容性。

5. 可扩展性原则

随着装备产业链以及整个社会快速发展,装备产业链协同的内容与要求也会发生不断变化。因而,在构建装备产业链协同平台时应充分考虑未来社会发展和装备产业链协同可能的新需要,保证平台的持续可扩展性。

6.6.3 装备产业链协同平台的主要功能

根据构建装备产业链协同平台的目的,设计装备产业链协同平台应具有的基本功能以及装备产业链运行过程协调管理的有关功能。基本功能主要包括:对装备产业链各成员的信息进行收集、处理、发布等信息协同功能,以及对各成员访问权限进行控制管理功能。协调管理功能主要包括:协调装备产业链上各成员之间的目标冲突以及成员与装备产业链整体目标冲突,沟通化解成员间的矛盾问题的功能;对装备产业链运行过程中成员行为进行监督管理的功能。其功能结构如图 6–7 所示。

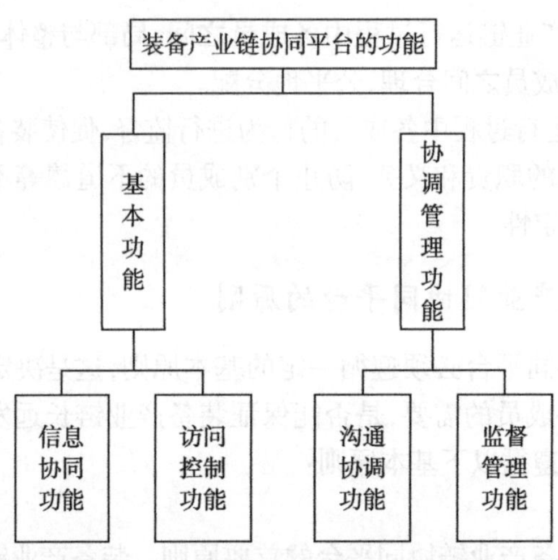

图 6–7　装备产业链协同平台的功能结构

1. 基本功能

实现装备产业链各个成员之间的信息协同是实现装备产业链协同的前提,构建装备产业链协同平台最重要的目的之一就是通过装备产业链协同平台,对装备产业链各成员的信息进行收集、处理、加工和发布,从而实现信息协同与共享。使装备产业链各成员的信息能够在一个公共平台上展示。另外,通过对装备产业链各成员平台访问权限进行分级,使装备产业链上各个成员能够快速、准确、高效、安全地与其他成员进行信息协同、访问其所需要的信息;提高了信息传递效率和利用率,同时也提高了数据信息的准确性、权威性。

(1)信息协同功能。

传统的装备产业链中,成员之间的信息传递主要是以装备资源需求信息为主,而且主要也是以一对一的方式传递,严重影响了信息传递的效率,同时在信息的传递过程中往往会导致信息的失真、不完整和不对称,从而影响装备产业链的整体效益。通过装备产业链协同平台,可以实现对装备产业链各成员有用信息进行收集、处理和发布甚至挖掘,使有关信息能够完整、集中地展现在装备产业链协同平台上,减少信息的传递环节,有效避免信息失真或数据差错,提高信息的准确性,极大提高信息传递效率和利用率。

(2)访问控制功能。

由于装备产业链成员之间的合作关系不完全一样,各个成员的业务范围有较大差异,以及不同的数据信息对每个成员的重要性各不相同,尤其是装备产业链的特殊性——涉及军事秘密，因此，装备产业链协同平台及各成员的信息并不允许每个成员都可以随意地访问。访问控制功能，使得装备产业链成员只能访问其权限范围内的信息。这在确保信息协同水平的同时也保证了装备产业链协同平台及各成员信息的安全。在装备产业链协同平台中，对不同装备产业链成员的访问控制功能是一个重要的基本功能，是系统安全的重要保证。

2. 协调管理功能

装备产业链是从地方承制方、供应商经由军队后勤与装备保障系统最终到军方用户的一条装备资源保障链，装备产业链各成员在信息协同前提下，为了提高装备保障效益的共同目标进行协同合作。但装备产业链各成员都是互相独立的实体，在协同合作的过程中，难免出现个体目标与整体目标不一致甚至冲突，成员间出现矛盾问题的情况，以及个别成员为了自身的利益不顾其他成员的利益和装备产业链整体利益而采取投机等不良行为，从而给装备产业链带来不确定性，影响装备产业链协同水平，制约装备保障效益的提高。因此，装备产业链协同平台应具备对装备产业链运行过程中成员间出现的冲突、矛盾和成员行为进行协调管理的功能。在组织层面，应当组成一个协调管理机构，对装备产业链运行过程中各成员的行为进行沟通、协调、监督。

（1）沟通协调功能。

作为独立实体的装备产业链各成员，总是以自身利益最大化为基本目标。在装备产业链运行过程中，各个成员通过协同合作，提高了装备产业链的整体效益，实现了装备产业链整体目标，但并不是每个成员都会实现自身的目标，这就导致有些成员协同积极性降低。因此，必须通过协同平台的沟通协调功能，对装备产业链各成员的自身目标与装备产业链整体目标进行协调，使各成员的自身目标与装备产业链整体目标同时实现，促进装备产业链成员间协同不断发展。由于各个成员的基本目标是自身利益的提高，因此在沟通协调的过程中主要是对装备产业链整体增加的利益进行合理的再分配，使各个成员的利益得到合理的提高。

由于装备产业链内外部环境不断变化，在装备产业链运行过程中，成员间难免会出现各种各样的矛盾或冲突，这就需要成员通过装备产业链协同平台的沟通协调功能进行相互间的沟通、协商、调解。

（2）监督管理功能。

装备产业链是不同利益主体为了实现提高装备保障效益的目标和自身利益的目标而联合在一起协同运行的。装备产业链成员之间主要以契约的形式或任务的形式进行协同合作，通过信息协同对装备产业链各项活动进行决策并采取协同行动。由于各个成员是不同的利益主体，通常总是以自身利益最大化为原则，在协同合作的过程中，往往会不自觉地不顾其他成员的利益和装备产业链整体利益采取一些投机等不良行为，从而影响装备产业链协同水平和整体效益。因此，装备产业链协同平台应具备对装备产业链成员行为进行规范和有效监督管理的功能。

6.6.4　装备产业链协同平台的构成

根据功能分析结果，装备产业链协同平台主要由信息协同模块和协调管理模块两部分构成。

1. 装备产业链信息协同模块

根据装备产业链协同平台的功能分析，装备产业链协同平台需具备安全、可靠、稳定的信息协同和成员访问权限控制两项基本功能，负责对装备产业链各个成员的信息进行收集、处理、加工和发布，控制成员访问平台、获取信息的权限。装备产业链信息协同模块需要有满足要求的计算机硬件、网络系统，通常包括主服务器、辅助服务器、项目管理服务器、终端设备及连接设备的网络等的硬件设施设备，同时还需要与这些硬件设备配套的软件系统，以及完成信息收集、处理、加工和发布与访问权限控制的相关应用软件。只有具备相互协调的硬件和软件系统，才能实现对装备产业链成员信息的收集、处理、加工和发布及访问权限控制等功能，从而实现装备产业链成员间的高效信息协同。

2. 装备产业链协调管理模块

根据装备产业链协同平台的功能结构分析，装备产业链协调管理模块也是装备产业链协同平台的重要组成部分。装备产业链协调管理模块主要包括一个协调管理组织机构，相应的沟通、协调和管理的制度机制，以及相关业务处理软件系统，负责对装备产业链各个成员的目标与装备产业链整体目标的协调，沟通、联系各成员并处理成员间的矛盾、冲突问题，使各个成员能为了实现装备保障的整体目标而付出自己的努力，同时对装备产业链运行过程中各个成员的行为进行监督、控制，防止成员为了自身利益采取投机等不良行为，预防成员行为或活动对装备产业链长远发展与整体效益的影响。

装备产业链协调管理模块以组织机构及其配套软件系统的形式存在。组织机构通常由装备产业链主要成员分别派人共同组成，由军队后勤与装备保障系统人员担当领导职务，其他成员积极参与，共同负责对装备产业链成员的行为进行有效监督、控制。

装备产业链协同平台是一个包含实体组织机构的软硬件系统，由装备产业链成员共同设计、建设、运行和维持。装备产业链各成员的协同信息在平台上进行处理、加工、发布，同时各成员也可随时访问自己权限内的有关信息，从而实现各个成员的高效协同。另外，由装备产业链主要成员共同派出代表组成一个管理实体组织机构，对装备产业链各成员在协同过程中的行为进行监督管理，对协同平台有效运行也起到管理保证作用。通过信息协同模块和协调管理模块共同发挥作用，最终实现装备产业链高效协同与持续顺畅运行，不断提高装备产业链及各成员的效益，实现装备产业链的整体目标——提高装备保障效能与效益。

6.6.5 装备产业链协同平台的建设过程

1. 确定装备产业链协同平台建设的目标和需求

任何一个系统建设都是为实现特定的目标、满足一定的应用需求。装备产业链协同平台建设的目标就是将装备产业链上各个互相独立的成员联合在一起协同运行，最终实现装备产业链的整体目标，从而保证装备保障效能和效益不断提升。因此，在装备产业链协同平台建设时，必须明确装备产业链协同平台建设的目标，调查分析并理清装备产业链协同平台实际运用各成员和各方面的需求，使装备产业链各成员能为实现装备产业链的整体目标而不断努力。

2. 建设装备产业链协同平台信息协同模块

装备产业链运行是以各成员之间的信息协同为基础的。装备产业链协同平台建设也必须以信息协同模块建设为基础。建设信息协同模块，首先，为装备产业链成员设计并建成一个公共的信息系统，对各个成员的信息进行收集、处理、加工和发布，使得每个成员的信息能够在这个信息系统中发布与应用；其次，设计并实现每个成员平台访问权限控制；再次，根据平台建设目标、需求和具体功能要求，分析确定硬件系统、软件系统需求，并进行硬件系统建设和软件系统配套；最后，根据平台未来用户需求，持续设计并开发相关应用软件。

3. 建设装备产业链协同平台协调管理模块

装备产业链成员是一个个相对独立的实体，虽然形成装备产业链的初衷是通过成员间的"无缝"衔接，充分协同合作，实现装备产业链的整体目标，但装备产业链系统毕竟是一个相对松散的组织系统，难免会有个别成员为了自身的利益做出一些损害其他成员利益或产业链利益的不良行为。建设装备产业链协同平台协调管理模块，首先，在形成装备产业链时，主要成员应派出相关专业人员，成立一个协调管理机构；其次，规划并制订成员行为规范与协调管理相关规章制度；最后，设计并开发装备产业链协同平台协调管理业务软件系统。通过这一系列软硬措施，对装备产业链运行过程中成员的行为进行监督管理，防止成员做出不利于装备产业链运行与发展的行为，提高装备产业链的可靠性和稳定性。

4. 装备产业链协同平台实现要求

（1）信息协同功能实现要求。

装备产业链成员通过装备产业链协同平台进行信息协同时，应采取必要措施保证信息的真实性和系统的安全性。

①信息的真实性。在信息协同过程中，要对平台的数据信息进行必要的核对检验，对明显错误的数据进行校核、修正控制，防止数据信息失真或误差过大，保证协同平台上的信息真实可靠。失真或错误的信息既包括信息在共享平台内部以及成员之间传递的过程中由于数据输入、传输、处理、加工而引起的错误，也包括由于装备产业链成员为了自己利益，而故意降低自身相关信息的真实性。

②系统的安全性。装备产业链协同平台以网络技术为基础实现成员间信息协同，为保证装备产业链平台及相关信息不被外界人为或病毒等恶意破坏，必须对平台系统进行安全性设计和建设，采取必要网络、信息安全技术手段和管理措施。主要从硬件、软件两个方面加以控制，为相关的需要保护的计算机网络和数据库加装硬件防护设备，同时对平台内信息交流以及成员间的信息交流使用不同的数据通道进行安全传递。另外，在装备产业链成员访问平台信息时，应严格落实成员的访问权限，防止超权限非法访问。

（2）协调管理功能实现要求。

实现装备产业链协同平台协调管理功能，协调管理组织机构应对装备产业链和协同平台运行绩效进行适时评价，同时对装备产业链各成员的行为进行抽查监控，主动发现并找出装备产业链协同过程中存在的冲突、矛盾问题，并通过与成员的沟通、协商、调解，有效解决有关问题。

第7章　装备产业链可靠性

现代战争的进程加快,战争的时效性空前提升,战争形态呈现为以精确制导武器为主战装备、以高效信息处理为基本保障的信息化战争。现代信息化战争对装备保障的依赖空前加大,为战争提供物质支撑的装备保障也随之发生变化,传统的装备保障模式已经越来越难以满足现代高技术战争的要求。实施装备产业链管理是应对现代信息化战争装备保障模式转变的必然选择,但装备产业链系统本身存在许多不确定性。不确定性是引起装备产业链风险的直接原因,不仅影响装备产业链的可靠性,更制约了装备保障效能的发挥。因此,规避不确定性导致的风险,提高装备产业链的可靠性,是信息化条件下装备保障不可回避和必须解决的重要问题之一。

7.1　系统可靠性与装备产业链可靠性

7.1.1　系统可靠性

在第二次世界大战期间,飞机等装备系统越来越复杂,正是这些系统的可靠性问题,如储存期间的失效、过低的无故障工作时间等,严重影响了装备系统的作战效果。出于作战的需要,美国有关研究人员逐步开始了对系统可靠性的研究。

我国自1964年起,在钱学森教授的大力倡导下,开始了系统可靠性理论的研究与实践,由起初的少数人群体发展到目前有高校、科研院所参加的大批科研队伍,取得了丰富研究成果。但系统可靠性理论研究与实践发展较快的领域是20世纪70至80年代的军用航空领域。当时的空军各类机型由于存在许多可靠性问题,造成飞机经常“趴窝”,影响战备训练任务的完成,为提高我国空军的作战能力,以北京航空航天大学杨为民教授为代表的科研人员深入开展了相关军用航空器系统可靠性研究。

目前,系统可靠性研究成果不仅在航空、航天等军事工业得到了广泛应用,而且扩展到建筑、电力、通信、家电等众多民用行业,现已发展成为一门独立成熟的学科——可靠性工程。

1. 系统可靠性的基本概念

系统可靠性是指对系统无故障工作能力的量度。在工程实践中,对于可靠性有各种各样的理解,如美国国家标准委员会、美国电子元器件可靠性咨询小组定义:可靠性是指产品在规定的时间内和规定的条件下,无故障地完成规定功能的概率。

国军标《装备通用质量特性术语》(GJB 451B—2021)定义为:可靠性是指产品在规定的条件下和规定的时间内,完成规定功能的能力。

在以上两个定义中,“产品”是通用术语,可以指从系统、设备、组件到元件的任何物品,甚至可以是服务。使用这一术语可以避免做出有关基准物品大小或复杂程度的规定。

从这两个定义来看，前者强调完成规定功能的可能性，侧重于定量测度；后者强调完成规定功能的能力大小，有比定量测度更广的测度范围。

所谓系统是指为了完成某一特定功能，由若干个彼此有联系的而且又能相互协调工作的部件所组成的综合体，是指相互联系又相互作用的元素之间的有机组合。系统和元素的含义是相对而言的，具体由研究的对象而定。例如，装备产业链作为一个系统时，组成装备产业链的各个实体成员、各个环节、成员间的链条都是元素。因此，元素可以是子系统、实体或节点。

系统可靠性可以定义为：系统在规定的条件下和规定的时间内完成规定功能的能力。

2. 可靠性度量指标

可靠性常用的主要度量指标有可靠度、累积故障分布函数、故障率、平均故障前工作时间（寿命）等。

（1）可靠度。

可靠度是指系统在规定的条件下和规定的时间内完成规定功能的概率。

$$R(t)=P(t>T) \tag{7.1}$$

式中：$R(t)$表示系统工作到 t 时间的可靠度；T 表示系统可靠工作时间；P 表示系统完成规定功能的概率。

（2）累积故障分布函数。

累积故障分布函数又称累积失效分布函数，或不可靠度函数。表达式为

$$F(t)=\int_0^t \frac{1}{N_0}\frac{\mathrm{d}N_f(x)}{\mathrm{d}x}\mathrm{d}t \tag{7.2}$$

式中：$F(t)$表示累积故障分布函数；N_0 表示系统总数；$N_f(x)$表示 x 时间内系统失效数函数；t 表示系统实际工作时间。

（3）故障率。

故障率又称失效率，表示工作到 t 时刻尚未发生故障的系统，在时刻 t 后的单位时间内发生故障的概率，称为系统在 t 时刻的故障率，也称为故障率函数。表达式为

$$\lambda(t)=\frac{1}{N_s(t)}\frac{\Delta N_f(t)}{\Delta t} \tag{7.3}$$

式中：$\lambda(t)$表示系统故障率；$N_s(t)$表示到 t 时刻尚未故障的系统数；$\Delta N_f(t)$表示在时间区间$(t, t+\Delta t)$内故障的系统数；Δt 表示所取的时间间隔。

故障率与可靠度及故障密度函数之间的关系为

$$R(t)=\frac{N_0-N_f(t)}{N_0} \tag{7.4}$$

式(7.4)两边对 t 微分，得

$$\begin{aligned}\mathrm{d}R(t)&=-\frac{\mathrm{d}N_f(t)}{N_0}\\ N_0\mathrm{d}R(t)&=-\mathrm{d}N_f(t)\end{aligned} \tag{7.5}$$

代入式(7.3)，得

$$\lambda(t)=\frac{1}{N_s(t)}\frac{\Delta N_f(t)}{\Delta t}=-\frac{N_0}{N_0-N_f(t)}\frac{\mathrm{d}R(t)}{\mathrm{d}t}=-\frac{1}{R(t)}\frac{\mathrm{d}R(t)}{\mathrm{d}t} \tag{7.6}$$

式(7.6)两端对 t 积分,得

$$\int_0^t \lambda(t)\mathrm{d}t = -\int_0^t \frac{1}{R(t)}\mathrm{d}R(t) = \ln R(0) - \ln R(t) \tag{7.7}$$

由于初始条件 $R(0)=1$,即当 $t=0$ 时都是完好的,因此得

$$\begin{gathered}\int_0^t \lambda(t)\mathrm{d}t = -\ln R(t) \\ R(t) = \exp\{-\int_0^t \lambda(t)\mathrm{d}t\}\end{gathered} \tag{7.8}$$

式(7.8)说明了系统故障率与可靠度之间的关系。特别是当故障率为常数时,系统可靠度服从指数分布。

$$\lambda(t) = \frac{1}{N_s(t)}\frac{\Delta N_f(t)}{\Delta t} = \frac{\dfrac{\Delta N_f(t)}{N_0 \Delta t}}{\dfrac{N_0 - N_f(t)}{N_0}} = \frac{f(t)}{R(t)} \tag{7.9}$$

式(7.9)说明了系统故障率函数 $\lambda(t)$、故障密度函数 $f(t)$ 及可靠度函数 $R(t)$ 的关系。

(4)平均故障前工作时间。

平均故障前工作时间(MTBF)为

$$\mathrm{MTBF} = \frac{1}{N_0}\sum_{i=1}^{N_0} T_i$$

式中:N_0 表示系统全体样本数;T_i 表示第 i 系统可靠工作时间(寿命)。

7.1.2 装备产业链可靠性

装备产业链系统是一个复杂的大系统,不确定性是其本质属性之一。高新技术手段在信息化战争中的普遍使用,使战争走向"精确"的同时,又加剧了战场环境的偶然性和不确定性。对于装备产业链而言,不确定性主要来源于内外部环境不确定性。

装备产业链的可靠性和装备产业链危险是一组相关的概念。如果把装备产业链可靠性和出现装备产业链危险的可能性用概率来表示,则两个概率数值之和应当为 1。装备产业链可靠性综合反映装备产业链完成装备保障任务的能力,是装备产业链效率和效益的基础,是装备产业链质量的重要方面。

结合系统可靠性概念,可以给出装备产业链可靠性定义:装备产业链可靠性是指装备产业链在不确定因素或事件的干扰下,在规定时间和条件下,对军方用户进行适时、适地、适量精确装备保障的能力。装备产业链可靠性管理是指装备产业链管理人员通过不确定因素分析和可靠性分析,合理地使用多种管理方法、技术和手段,对可能影响装备产业链可靠性的各种不确定因素实行有效控制,妥善处理不确定性造成的不利后果,保证装备产业链管理目标的实现。

装备产业链的可靠性研究以系统可靠性理论为基础,是在分析装备产业链具体特点情况下进行的。装备产业链系统包含装备保障过程中所涉及的所有实体,从资源的生产开始,经过装备产业链采购、加工、运输、储备、配送等过程直到最终军方用户。它不仅是一条连接供应商到军方用户的物资链、信息链、资金链,而且是一条军事价值实现链。资

源在产业链上因生产、采购、加工、运输、储备、配送等过程而持续创造了其在装备保障方面的军事价值,给战争胜利及军队建设带来了军事效益。由此可见,装备产业链系统是一个复杂的、随机的、模糊的非稳定系统,是在空间和时间上动态发展变化的系统。它比具体的工程技术系统要复杂得多。

考虑到实际研究可行性,选取可靠度这一指标来度量装备产业链整体可靠性。装备产业链可靠度是指装备产业链在不确定因素、事件的干扰下,在规定时间和条件下,对军方用户进行适时、适地、适量精确保障的可靠程度或概率。用区间[0,1]上的数值来量化装备产业链可靠度的大小,0 表示可靠性程度最低,1 表示可靠性程度最高。

7.2　装备产业链系统可靠性模型

可靠性模型可以用系统可靠性框图以及数学模型来表示。在进行可靠性设计、分析时,首先要根据任务要求,画出原理图,进而画出可靠性框图,建立系统可靠性数学模型,以便进行可靠度的计算与分析。

7.2.1　装备产业链系统结构模型

装备产业链是由众多实体构成的复杂系统。军队所需的装备资源由众多承制单位、供应商提供,经由各种筹措渠道,进入军队内部后勤与装备管理保障系统。装备产业链系统的结构模型可分为链状和网状两种。

1. 链状装备产业链结构模型

链状装备产业链又称为直线形装备产业链,是一种最简单、最基本的装备产业链结构,即一个节点成员只与一个上游成员和一个下游成员连接。通常,装备物资器材从承制方或供应商供应给战略、战役仓库,补充到基地保障单元,再由基地保障单元经过战术保障单元最终到达被保障部(分)队,这就是典型的链状结构,如图 7–1 所示。链状装备产业链中节点以一定的方式顺序连接成一串,成为一种直线形结构。

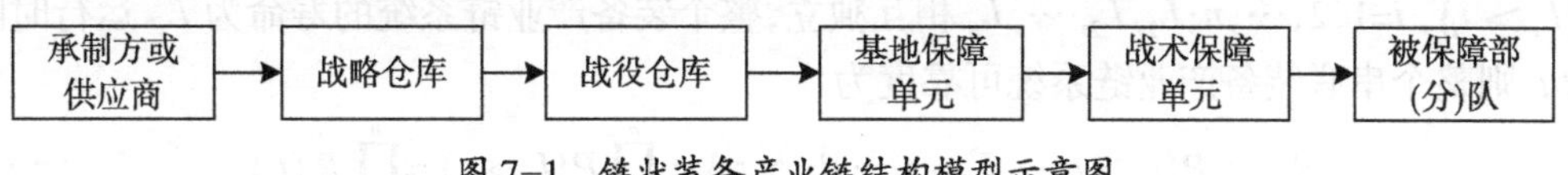

图 7–1　链状装备产业链结构模型示意图

2. 网状装备产业链结构模型

网状装备产业链是一种较为复杂的结构形式,即一个节点成员可能与多个上游成员和多个下游成员连接。网状装备产业链结构模型如图 7–2 所示。

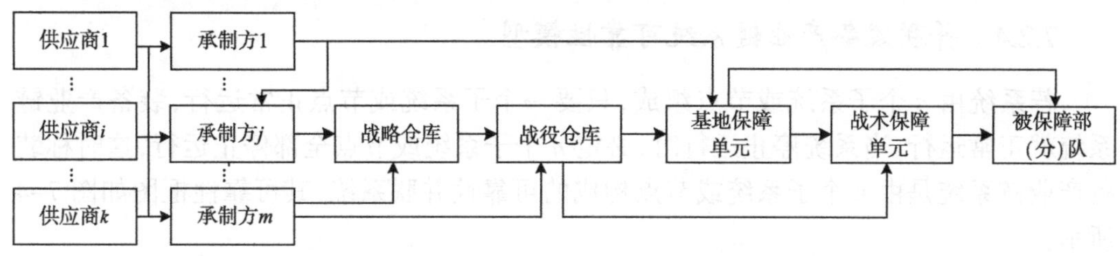

图 7–2　网状装备产业链结构模型示意图

7.2.2 装备产业链可靠性指标

装备产业链子系统或节点可靠性可描述为：在装备产业链运行过程中，任一子系统或节点只要能保证在特定时间内和规定的条件下完成向下一子系统或节点的装备资源保障任务，这一子系统或节点就是可靠的，否则这一子系统或节点就是不可靠的。可靠度作为衡量装备产业链及其子系统或节点可靠性的指标，用装备产业链及其子系统或节点正常运行时间与总的运行时间比值来表示，即

$$R_i=\frac{t_i}{T_i} \tag{7.10}$$

式中：R_i 表示装备产业链第 i 个子系统或节点的可靠度；T_i 表示第 i 个子系统或节点投入装备产业链系统总的运行时间；t_i 表示第 i 个子系统或节点正常运行时间。

另外，用 L_i 表示装备产业链系统中第 i 个子系统或节点的寿命；L_s 表示装备产业链系统的寿命；t 表示装备产业链系统运行时间。

7.2.3 串联装备产业链系统可靠性模型

若系统由 n 个子系统或节点组成，当且仅当 n 个子系统或节点全部正常运行时，装备产业链系统才正常运行，或只要有一个子系统或节点停止运行，整个装备产业链系统就停止运行，这时称装备产业链系统是由 n 个子系统或节点构成的可靠性串联系统，其可靠性框图如图 7–3 所示。

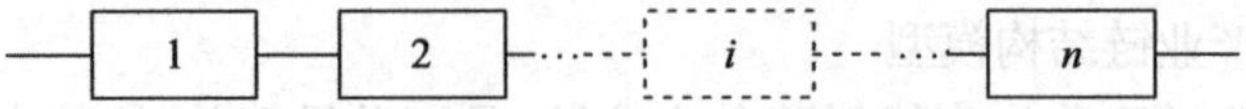

1 2 …… i …… n

图 7–3 串联系统可靠性框图

串联装备产业链系统实质就是链状装备产业链系统，如图 7–1 所示。链状装备产业链简明扼要。

令装备产业链中 i 个子系统或节点的寿命是 L_i，其运行时间为 t_i 的可靠度为 $R_i(t_i)=P\{L_i>t_i\}$，$i=1,2,\cdots,n$；$L_1, L_2, \cdots, L_n$ 相互独立，整个装备产业链系统的寿命为 L_s，运行时间为 t，则整个串联装备产业链系统可靠度为

$$R_s(t)=P\{L_1>t_1,\cdots,L_i>t_i,\cdots,L_n>t_n\}=\prod_{i=1}^{n}P\{L_i>t_i\}=\prod_{i=1}^{n}R_i(t_i) \tag{7.11}$$

串联装备产业链系统的可靠度等于各子系统或节点可靠度的乘积，其可靠性不仅与各子系统或节点的可靠度有关，还与链状装备产业链的串联子系统或节点数有关。可见链状装备产业链上子系统或节点越多，装备产业链系统的可靠性越低。

7.2.4 并联装备产业链系统可靠性模型

若系统由 n 个子系统或节点组成，只要一个子系统或节点正常运行，装备产业链系统就正常运行，当系统停止运行时，必定 n 个子系统或节点全部停止运行，这时称装备产业链系统是由 n 个子系统或节点构成的可靠性并联系统，其可靠性框图如图 7–4 所示。

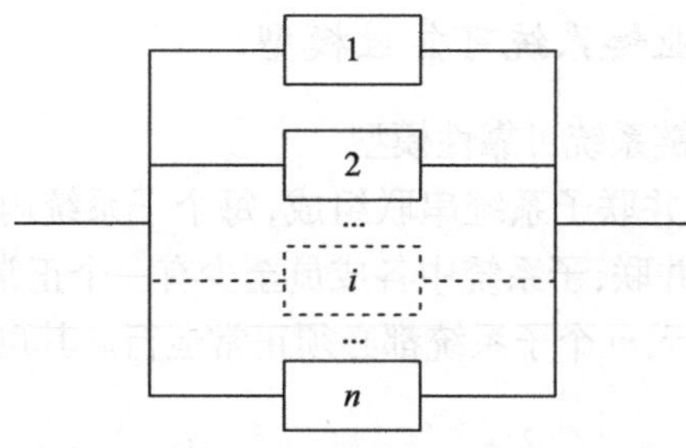

图 7-4　并联系统可靠性框图

在装备产业链中，某节点多成员组成的子系统就呈现这种并联的形式，比如有多个承制方、供应商，它们之间就是并联的关系。在装备产业链运行过程中，只要其中的一个成员没有出现意外或停止运行就能满足要求，就不会出现整个装备产业链系统停止运行的问题，满足整个装备产业链系统的可靠性要求。整个装备产业链出现停止运行的问题时，必定是该节点所有成员都出现了停止运行的问题。

令某节点或子系统第 i 个成员的寿命为 L_i，整个节点或子系统寿命为 L_{N}，系统运行时间为 t，第 i 个成员的可靠度为 $R_i(t)$，根据并联系统可靠性的定义有

$$
\begin{aligned}
L_{\mathrm{N}} &= \max(L_1, L_2, \cdots, L_n) \\
R_{\mathrm{N}}(t) &= P\{L_N > t\} \\
&= P\{\max\{L_1, L_2, \cdots, L_n\} > t\} \\
&= 1 - P\{\max\{L_1, L_2, \cdots, L_n\} \leqslant t\} \\
&= 1 - \prod_{i=1}^{n} P\{L_i \leqslant t\} \\
&= 1 - \prod_{i=1}^{n} [1 - R_i(t)]
\end{aligned} \tag{7.12}
$$

可看出并联产生的效果，成员并联的子系统平均寿命可以不断提高，但随着并联成员的增多，对提高子系统的可靠性的贡献程度逐渐下降。当 n 已经比较大时，再增加并联成员数目，系统的可靠性提高就不大了。通常只采用适当个数的成员并联来提高系统可靠性。当 $\lambda = 0.001/\mathrm{d}$ 时，子系统可靠性与成员数的关系如图 7-5 所示。

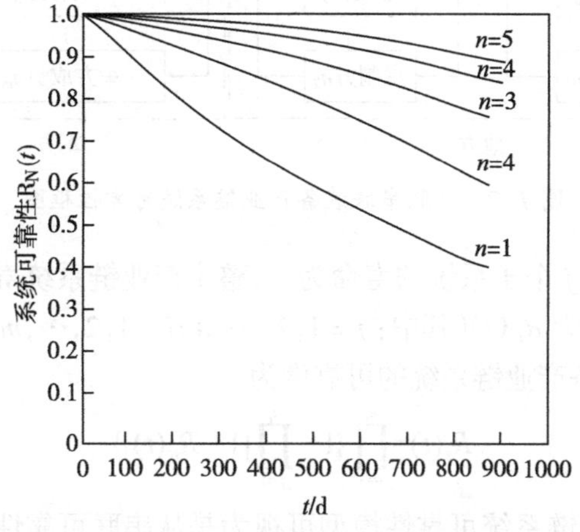

图 7-5　成员数与产业链节点子系统可靠性的关系

7.2.5 混联装备产业链系统可靠性模型

1. 并联串联装备产业链系统可靠性模型

并联串联系统由 m 个并联子系统串联组成，每个子系统内部成员是并联的。设第 j 个子系统内部有 n_j 个成员并联，子系统中各成员至少有一个正常运行，子系统就能正常运行。而整个系统要正常运行，m 个子系统都必须正常运行。其可靠性框图如图 7-6 所示。

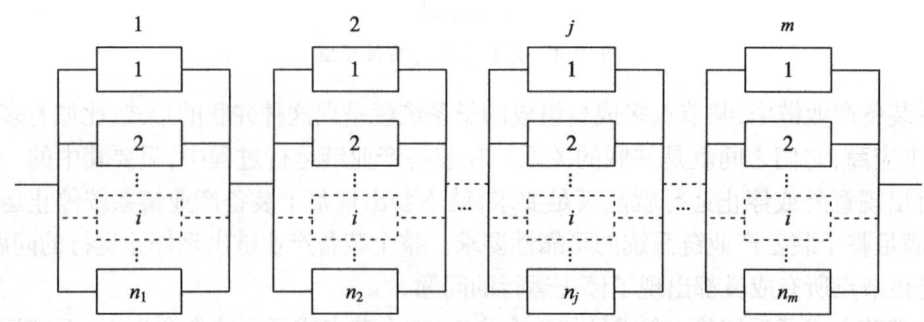

图 7-6 并联串联系统可靠性框图

装备产业链前端位于军队系统之外，主要由资源供应商和研制生产单位成员构成。而装备产业链后端成员绝大部分属于军队后勤与装备管理保障系统内部的职能部门或机构，主要由多级储备、运输、供应和修理体系成员构成，直接完成最终军方用户所需装备资源和服务的供应与保障。因此，装备产业链主要由前端的地方部分和后端的军方部分构成。前端的地方部分是由多个承制方或供应商成员并联的一级一级子系统串联而成；后端的军方部分由多个军内部门、单位或机构成员并联的一级一级子系统串联而成。地方部分和军方部分再串联形成并联串联装备产业链系统，其可靠性框图如图 7-7 所示。

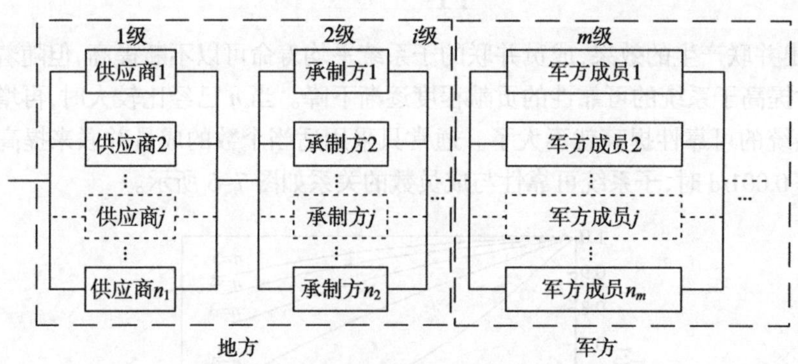

图 7-7 并联串联装备产业链系统可靠性框图

设装备产业链中第 j 个子系统的寿命为 L_j，整个产业链系统寿命为 L_s，系统运行时间为 t，成员的可靠度分别为 $R_{ij}(t)$（其中：$j=1,2,\cdots,n_i$；$i=1,2,\cdots,m$），且所有节点的运行相互独立，则并联串联装备产业链系统的可靠度为

$$R_s(t)=\prod_{i=1}^{m}\{1-\prod_{j=1}^{n_i}[1-R_{ij}(t)]\} \tag{7.13}$$

并联串联装备产业链系统可靠性模型可视为是从串联可靠性模型变化而来的，考虑

m 个子系统的串联系统，如果将 i 子系统采用 n_i 个成员并联，则可得到并联串联系统模型。并联串联系统可靠性比单纯的单成员串联系统的可靠性要高，其系统运行成本也相对较高。

2. 串联并联装备产业链系统可靠性模型

串联并联系统由 m 个子系统组成，各个子系统之间是并联关系，每个子系统内部各成员却是串联的关系。只要有一个子系统正常运行，系统就能正常运行。其可靠性框图如图 7–8 所示。

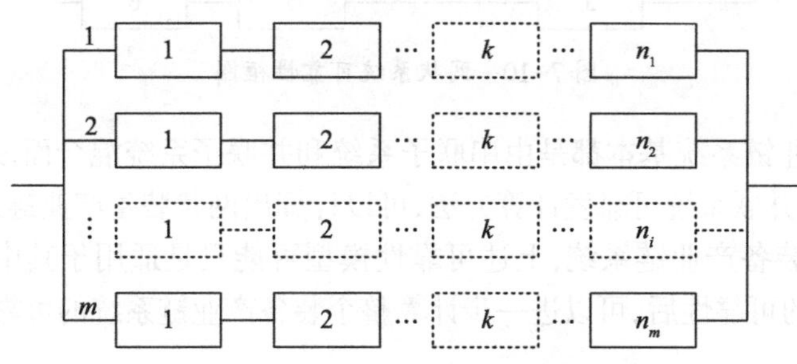

图 7–8　串联并联系统可靠性框图

复杂的装备产业链系统也会由若干个子链构成，各子链内部是一系列成员的串联关系，各子链之间是并联的关系。在对部队进行装备保障的过程中，特别是战时情况下，通常为满足作战的装备保障需求，可能会采用多个相互备份的保障子链条，只要有一个装备保障子链能正常运行，就可以保证装备保障的准时性和连续性，即说明装备产业链系统是正常运行的。而每一个子链内部的各个节点成员是串联关系，这样就构成了串联并联装备产业链系统，其可靠性框图如图 7–9 所示。

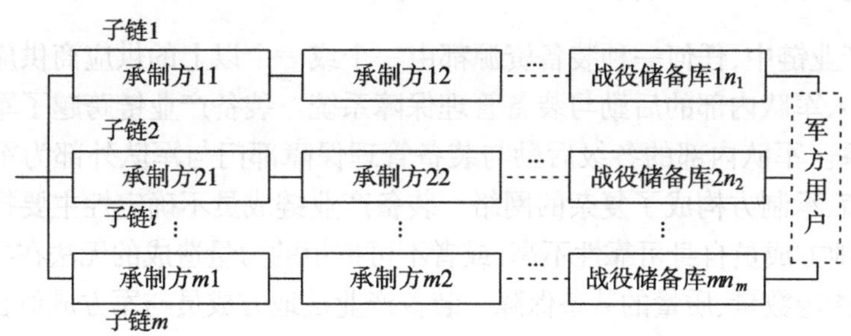

图 7–9　串联并联装备产业链系统可靠性框图

设装备产业链中第 i 条子链的寿命为 L_i，整个产业链系统寿命为 L_s，系统运行时间为 t，成员的可靠度分别为 $R_{ij}(t)$（其中：$j=1,2,\cdots,n_i; i=1,2,\cdots,m$），且所有节点的运行相互独立，则串联并联装备产业链系统的可靠度为

$$R_s(t)=1-\prod_{i=1}^{m}[1-\prod_{j=1}^{n_i}R_{ij}(t)] \tag{7.14}$$

3. 网状装备产业链系统可靠性模型

有些装备产业链系统中的成员之间的关系不是上述两种情形，而是串联与并联无规律混合，呈现网状结构。该类系统的可靠性框图如图 7–10 所示。其中成员 1 和成员 2 是

串联关系,构成子系统1;成员5和成员6串联构成子系统2;子系统1和成员3并联构成子系统3;成员4和子系统2并联构成子系统4;而子系统3和子系统4串联构成整个串联并联混合系统。利用串联模型及并联模型系统可靠性计算公式,可以得到这一网状系统的可靠性模型,如图7-10所示。

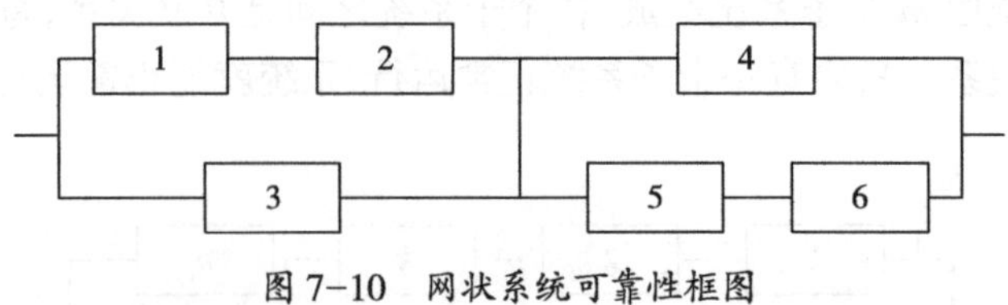

图7-10 网状系统可靠性框图

网状装备产业链系统基本都是由串联子系统和并联子系统混合而成,通过分析网状结构并运用串联、并联系统可靠度计算方法,可以计算出网状装备产业链系统的可靠度。

对于复杂的装备产业链系统,上述可靠性模型可能只是适用于其中的一个子系统。在求得各子系统的可靠性后,可以进一步计算整个装备产业链系统的可靠性。

7.3 基于不确定性与可靠性的装备产业链成员管理

通过对装备产业链系统可靠性模型分析可知,装备产业链成员的自身可靠性是系统可靠性的源头,成员可靠性管理是装备产业链可靠性管理的基础和前提。要提高装备产业链系统的可靠性,保证装备保障任务的顺利完成,必须对各环节成员的可靠性进行管理。

7.3.1 装备产业链成员不确定性分析

在装备产业链中,任何一种装备资源都由一个或一个以上的供应商供应或承制方生产加工,再进入军队内部的后勤与装备管理保障系统。装备产业链跨越了军队和地方两个不同的体系。军队内部的各级后勤与装备管理保障部门与军队外部为军队提供装备资源的供应商、承制方构成了复杂的网络。装备产业链成员不确定性主要指由于装备产业链中军方、地方成员自身可靠性不高,或者不可抗拒的力量造成的无法在事先约定的时间、地点提供指定数量、质量的装备保障。装备产业链地方成员与军方成员在运行模式和驱动力方面存在差异,容易造成无法实施所需的装备保障。由此可见,装备产业链成员的不确定性直接影响装备产业链的整体装备保障效能。尽管军方成员都会要求地方成员规定一个交货期,并签订相应合同,但有很多复杂的引起不确定性的原因会引起装备产业链成员不可靠,导致装备产业链运行不通畅。在平时,主要是成员自身的问题带来的一些不确定性,由于军方需求比较稳定,这一表现并不突出。在战时,军方需求急剧变化,部分成员由于自身资源条件等原因不能适应环境,无法可靠正常运行,从而难以满足战时装备保障需求。

7.3.2 基于可靠性的装备产业链成员管理

装备产业链成员管理是指以提高装备产业链运行效益与保障效能为目标,对装备产业链成员进行选择、考核、评比，以及不断优化装备产业链结构的动态管理过程。装备产业链成员管理内涵主要是指通过在成员开发、成员评价、成员联盟和成员信誉与绩效管理等一系列活动，建立装备产业链成员间稳定的战略合作伙伴关系，实现军地各方成员“共赢”和装备产业链目标。

只有加强装备产业链成员管理，从装备保障质量源头把关，装备保障工作才能顺利高效实施。装备产业链成员管理，主要是为了应对装备产业链各环节可能出现的不确定性因素，增强装备产业链运行的敏捷性、安全性和稳定性，从而提高装备保障的效率、质量、效能。加强装备产业链成员管理也是军队持续获得稳定、低成本、低风险、高效益、高质量装备保障的重要保证，更是不断优化装备产业链结构、增强装备产业链发展动力的有效措施。

1. 装备产业链成员选择的过程

通过对装备产业链成员管理相关研究成果进行总结分析，可知装备产业链成员选择过程通常包括 5 个阶段。

(1)装备产业链成员选择目标确认。

①了解装备资源市场供需状况和装备产业链资源需求。持续了解军方所需装备及相关资源市场供需状况和装备产业链资源需求，初步确定装备产业链成员选择目标，是选择可靠的装备产业链成员的基础。根据持续了解到的变化情况，可以适当调整装备产业链成员选择目标。

②确立装备产业链成员选择目标。以综合提高装备产业链效益和充分发挥装备保障效能为根本目的，确立装备产业链成员选择目标，明确各类成员间的合作关系。

③确定装备产业链成员间合作关系的类型。确定装备产业链成员间信任度要求和协同合作范围、时间和制度机制。

④确定装备产业链成员选择范围和评价指标体系。

(2)候选成员粗筛选。

根据装备产业链成员选择目标、范围和评价指标体系，收集可供选择的装备产业链成员资料，初步确定装备产业链候选成员。此时候选成员可能数量较多，若对每一个候选成员进行众多指标综合的定性、定量相结合评价分析，既费时间又费人力财力，显然是不现实的。因此，可以先采用一些简单有效的分析方法，进行候选成员粗筛选，将可选的候选成员数目降到合适的范围内。候选成员粗筛选可以采用一些简单的定性或定量方法。

(3)候选成员优选。

对经过粗筛选后得到的候选成员继续进行优选，从而进一步减少候选成员的数目或直接获得最佳成员。在这一阶段主要采用一些定量或定性定量相结合的多指标综合评价方法。各种评价方法各有优缺点，在应用过程要充分考虑其适用范围，可采取多种方法综合，扬长避短。

(4)成员参与和确认。

经过成员粗筛选和优先，可以大致确定要选择的装备产业链成员。但是，在筛选过程中，主要考查成员的条件，而对于装备产业链整体而言，还需各成员在装备产业链运行过程中充分发挥作用。因此，要与优选的成员进行必要的沟通联系，进一步了解磋商，确定协同合作意向，结合装备产业链的实际和具体要求，最终确认装备产业链成员。

(5)成员跟踪与评价。

在装备产业链运行过程中,要建立相应的装备产业链成员评价机制,根据装备产业链发展状况和环境的变化,以及装备保障特定要求,对装备产业链成员进行跟踪与评价。除了采用综合评价方法之外,更重要的是考查其装备产业链协同合作能力和贡献。

装备产业链成员选择过程如图 7-11 所示。

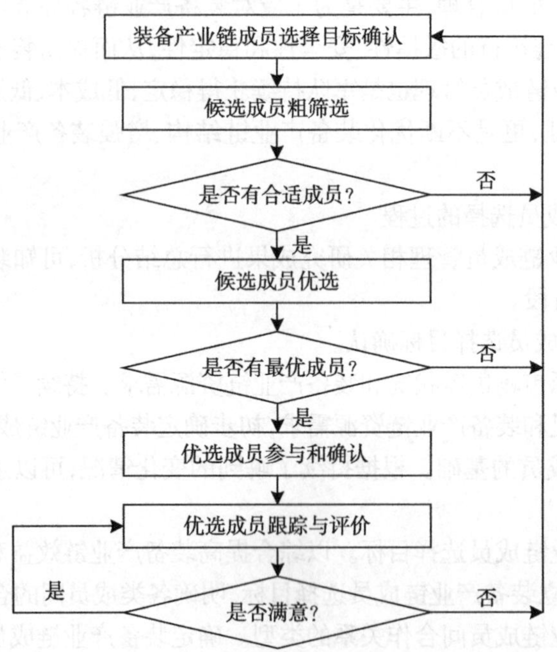

图 7-11 装备产业链成员选择的过程

2. 装备产业链成员评价指标体系

(1)建立评价指标体系的基本原则。

无论选择还是持续管理装备产业链成员,都需要建立科学合理的成员评价指标体系。评价指标体系的建立通常要遵循一些基本原则。

①系统性原则。评价指标体系不仅要全面反映装备产业链成员的综合绩效水平,还要反映出其在整个装备产业链中与其他成员协同合作的能力及贡献,使评价结果系统、全面、合理、客观。

②简明性原则。评价指标体系的规模也必须适宜,也就是说评价指标不能过多也不能过少。评价指标过多就违背了简明性原则,评价指标过少就违背了系统性原则。

③可比性原则。评价指标体系的设置要考虑其在装备产业链成员选择、评价、管理中的具体应用,要充分考虑各成员指标体系具有可比性。因此应当尽可能选择一些能够量化比较的定量指标。

④灵活性原则。为了在装备产业链成员选择和管理中发挥作用,并适用于对众多类型的成员进行评价,评价指标体系就应该具有足够的灵活性,能够针对装备需求、环境变化,对指标体系进行灵活调整和完善。

⑤定性与定量相结合原则。装备产业链成员绩效、能力和贡献并不是都能用定量指

标描述的，因此，要全面地、客观、准确评价各成员，就必须建立定性指标与定量指标相结合的评价指标体系。该量化指标的一定要量化，不该量化又必要的定性指标也不能少。

(2)建立评价指标体系。

对于产业链供应商评价指标体系，G.W.Dickson 研究较早，影响也最大。他通过分析 170 份针对采购代理人和采购经理的调查结果，得到了 23 项评价指标。继 Dickson 之后，许多学者也对供应商评价指标体系进行了广泛、深入的研究。C.A.Weber 等综述了 74 篇有关供应商评价的文献并发现，价格是讨论最多的一项指标，接下来依次是交货、质量、生产设施 / 能力、地理位置、技术能力、管理与组织等，其他因素很少提及。S.Yahya 等运用层次分析法，通过对 16 位富有经验的经理和管理者进行调查，得到了供应商评价指标及相应的权重。这些评价指标与 Dickson 的评价指标差别并不大。在国内，比较有代表性的是马士华等设计的包括业务评价、生产能力评价、质量系统评价和企业环境评价 4 个方面的综合评价指标体系。

美军有关供应商选择标准主要包括 4 方面指标：

①任务能力(commission capacity)指标，主要考查供应商满足军队需求的技术能力。

②方案风险(proposal risk)指标，用以评估供应商解决方案存在的潜在风险。

③供应商过去的绩效(past performance)指标，对供应商生产经营积累的全面审查。

④成本 / 价格(cost/price)指标，供应商的选择应该是在价格和非价格因素之间进行权衡的过程。

构建我国装备产业链成员评价指标体系不能完全照搬美军或地方企业产业链有关标准或做法，但可以借鉴他们的思路、原则和方法。针对我国的国情和军情，同时为了适应未来信息化战争装备保障需求以及装备产业链整体可靠运行，建立装备产业链成员评价指标体系应当重点考虑以下一些因素。

①质量可靠性。装备产业链成员应始终把军事效益放在第一位。因此装备产业链成员提供的装备资源质量要合乎军方用户的要求，是提高部队战斗力的必要条件，也是首要考虑的因素，尤其与作战联系紧密的装备物资器材，更是如此。高的质量可靠性不仅指成员提供的装备资源本身，还应该包括与其他成员协同合作过程、提供服务保障过程。

②综合绩效。对装备产业链成员绩效进行综合评价应当包括对其在装备产业链协同合作过程的成本、柔性、交货提前期、服务保障能力水平等方面。

③组织战略与文化。装备产业链成员之间存在战略联盟关系，在市场经济环境下，装备产业链成员的地位是对等的。成员通常以实现利益最大化为目标。当成员间目标出现冲突时，双方都应当主动协调修正自己的行为，保持相互间联盟关系的稳定。装备产业链成员必须使自身的战略目标服从于装备产业链的战略目标，即通过能力开发与能力深化，增进装备产业链的价值，并最终提高军方用户的满意度。这就要求装备产业链成员能够理解和支撑装备产业链发展战略，在组织战略和组织文化中融入为国、诚信、协同、奉献等目标和要素。

④生产经营能力与管理水平。主要从装备产业链成员生产状况、技术水平、设备条件、财务状况、人力资源及信息化程度等方面考查。

生产状况评价的指标主要有：年产量，反映其总生产能力；全员劳动生产率，反映其对劳动力要素的利用程度。技术水平评价的指标主要有:军品技术水平(可以通过与国际或国内同类先进军品的主要技术性能参数的比较得到),综合反映其技术能力;人均技术装备水平率,即生产用固定资产平均原值/生产人员平均数,反映现有的生产技术水平;专利水平率,即所拥有的专利总数/行业已有专利数,反映生产专利占有情况。

设备条件评价的指标主要有:设备先进程度,反映现有设备技术水平;设备利用情况,反映现有设备的工作效率。

财务状况评价的指标主要有:投资收益率,反映获利能力;资产负债率,反映营运的安全程度;存货周转率,反映营运能力。

人力资源评价的指标主要有:管理人员综合素质指数,即管理人员平均管理年限/管理人员平均年龄,反映管理人员的业务水平;人均培训费用、人均培训时间,反映学习能力。

信息化程度评价的指标主要有设备信息化程度、人员信息技术应用能力、信息设备综合利用情况、生产要素数字化程度或水平等。

⑤零配件或原材料供应。根据价值链的观点,装备产业链成员与行业中优秀的零配件制造商或原材料供应商结盟,可以确保装备产业链的价值在各个环节或节点成员得到持续不断的提升。

⑥发展潜力。装备产业链成员只有具备良好的发展潜力,才能不断研发新的装备资源,并能对旧的装备资源进行技术升级。尤其是对某些必须或者只能自主研发的装备资源,需要在可以选择的装备产业链成员范围内,采用高额利润及人力、物力、财力等方面的投入,以及税收优惠等方面的政策手段,对那些具有较大成长发展潜力的成员进行重点培植。这时,成员的选择实际上是对培植对象的选择。而选择培植对象的最重要依据,就是看其是否具有较强的技术创新能力、力量,即发展潜力。

⑦沟通协调能力。装备产业链不仅要求建立适当数量的储备以应对紧急或战时的不时之需,更为重要的是强调通过即时制造、即时运输和即时供应将军方用户所需的装备资源实时地保障。这就需要装备产业链成员与军方用户之间的密切沟通协调,这种沟通协调体现在装备产业链成员的信息协同能力和军地信息交流渠道与方法手段等方面。

⑧稳定性和安全性。为避免装备产业链在战时或紧急情况下的断链,应该重点考查:装备产业链成员是否采用潜在敌对国家、地区的产品或技术等资源;装备产业链成员的商业信誉历史状况;装备产业链成员的核心技术和产品等资源的自主可控比率,以及其他外购原材料和零配件等资源的国产可替代程度。

⑨环境。应当考查装备产业链成员所处环境可能对装备产业链形成和长期运行、发展的影响。

按照评价指标体系建立的基本原则和要求,通过分析装备产业链成员评价指标体系构建应当重点考虑的因素,结合国情军情,构建装备产业链成员评价指标体系,如表7-1所示。

表 7-1　装备产业链成员评价指标体系

评价指标		指标量化值	数据来源
质量可靠性	装备资源质量 过程质量 保障服务质量	装备资源合格率 过程质量可控程度 保障服务满意度	历史数据拟合 历史数据重合 历史数据拟合
综合绩效	成本 交货期 柔性 快速响应 售后服务	单位资源、服务、保障成本 交货延期率 对变化或不确定性的适应能力 快速响应能力 售后服务能力	现值 历史数据拟合 专家评估 专家评估 专家评估
组织战略与文化	组织战略目标 组织文化	与装备产业链战略目标相容性 融入支撑装备产业链发展的要素	专家评估 专家评估
管理水平	财务状况 人力资源 管理制度 管理方法	融资能力 / 资金周转率 / 负债率等 人力资源的结构与运用效率 制度完备性及执行情况 方法先进性、科学性	财务报表 专家评估 专家评估 专家评估
生产经营能力	生产状况 设备条件 生产技术状况 信息化程度	按时完成生产任务的概率 主变设备的原值 / 完好率 / 利用率 生产技术的先进性程度 企业信息化的深度与广度	历史数据拟合 历史数据拟合 专家评估 专家评估
零配件或原材料供应能力	零配件制造商 原材料供应商	零配件制造商的技术能力 原材料供应商的供应能力	专家评估 专家评估
发展潜力	技术创新投入 技术开发力量 新技术产品开发	技术创新投入比率 技术开发人员的比率 新技术产品开发的成功率	历史数据拟合 历史数据拟合 历史数据拟合
沟通协调能力	信息协同能力 信息交流能力	信息协同及时性与有效性 信息交流渠道与方法手段	历史数据拟合 历史数据拟合
稳定性和安全性	核心资源 外购零配件 商业信誉 定位 发展稳定性	核心技术、产品等资源的自主可控比率 外购零配件国产可替代率 历史交易诚信度 在同类组织中的定位 发展稳定性	历史数据拟合 历史数据拟合 专家评估 专家评估 专家评估
环境	社会文化环境 经济与技术环境 政治法律环境 自然地理环境	社会文化环境 经济与技术环境 政治法律环境 自然地理环境	专家评估 专家评估 专家评估 专家评估

指标经过评估、量化后，首先进行若干预处理，包括评价指标类型的一致化、评价指标的无量纲化等；然后进行各指标赋权；最后采用适当的技术方法对装备产业链成员进行综合评价。

7.4 装备产业链可靠性管理

7.4.1 装备产业链可靠性分配

可靠性分配是系统可靠性工程设计与管理的重要措施之一。装备产业链可靠性分配就是要借鉴工程技术领域的可靠性分配的思想，将装备产业链整体可靠性要求分配到各成员，来保证装备产业链可靠性要求的实现。

1. 可靠性分配原理

系统可靠性分配(reliability apportionment allocation)，就是根据合同或系统设计任务书中规定的可靠性指标要求，按一定的方法分配给组成该系统的分系统、设备和元器件并将它们写入相应的设计任务书或合同中。这是一个由整体到局部、由大到小、由上到下的分解过程。其目的是：合理地确定各个单元的可靠性指标，以便在单元设计、制造、试验、验收时切实加以保证；促进设计、制造、试验、验收方法和技术改进与提高；使设计者更加全面地权衡系统的性能、功能、重量、费用及有效性与时间等的关系，以获得更为合理的系统设计，提高系统的设计质量。

可靠性分配的原理是：确定系统所含单元的可靠性指标，使由满足此指标的单元而构成的系统，其可靠性不低于系统可靠性要求值。可靠性分配关键在于求解基本不等式(7.15)：

$$f(R_1, R_2, \cdots, R_i, \cdots, R_n) \geqslant R^* \tag{7.15}$$

式中：R^* 为系统应该达到的可靠性指标要求；R_i 为分配给第 i 个单元的可靠性指标，$i=1,2,\cdots,n$；n 为系统所含单元总数；f 为各单元的可靠性指标 R_i 与系统的实际可靠性指标之间的函数关系，通过它可以求出系统的实际可靠性指标。

工程技术系统可靠性分配通常考虑以下主要因素：

(1)技术水平。对技术成熟的子系统或单元，若能够保证实现较高的可靠性，预期投入使用时可靠性可以增长到较高水平，则可给该子系统或单元分配较高的可靠度。

(2)复杂程度。对较简单的子系统或单元，若组成该子系统或单元的零部件数量少，容易保证质量或故障后易于修复，则可分配给较高的可靠度。

(3)重要程度。对重要的子系统或单元，若该子系统或单元失效将产生严重的后果，或该子系统或单元失效常会导致全系统失效，则应分配给较高的可靠度。

(4)任务情况。对整个任务时间内均需连续工作以及工作条件恶劣，难以保证很高可靠性的子系统或单元，应分配给较低的可靠度。

此外，可靠性分配一般还受费用、重量、尺寸等条件的约束。总之，最终都是力求以最小的代价达到系统可靠性的要求。

工程技术系统可靠性分配方法一般可以分为两大类：一类是以可靠性指标要求为约束条件，给出其下限值，而以重量、体积、成本等其他参数要求为目标函数；另一类则以重量、体积、成本等要求为约束条件，以系统的最高可靠度为目标函数，求出其上限值。所以，一般认为工程技术系统可靠性分配的方法，基本上是数学规划的方法，特别是动态规划或多目标规划的方法。其他方法，如等分配法、综合评分分配法等，在工程技术系统可靠性分配中也有应用。

2. 装备产业链可靠性分配方法

装备产业链可靠性分配主要借鉴工程技术领域的可靠性分配的思想,将规定的产业链系统可靠性指标要求,按一定的方法分配到产业链的每一个链条、节点或成员上。对于装备产业链这样的复杂系统,由于许多因素难以量化,其可靠性分配就不是单纯数学规划的求解问题,而是一种定性和定量相结合的决策问题。可以采用综合评分分配法来进行装备产业链可靠性分配。

综合评分配法由同行专家按经验对各单元考虑主要因素综合评分,根据各单元得分多少分配给相应的可靠性指标。关于考虑的因素,要视具体情况而定。通常按有关分配的原则,各主要因素评分为 1 ~ 10 分。

装备产业链可靠性分配考虑的因素主要有:

(1)装备产业链的每一个链条、节点或成员在产业链中地位的重要程度。以其在一定时期的资源供应价值增量确定其装备产业链中地位的重要程度。在装备产业链中,一定时期的资源供应价值增量最大的链条、节点或成员的地位最重要,给其评 10 分,其他链条、节点或成员根据其价值增量占地位最重要链条、节点或成员的百分比的大小相应评 1 ~ 9 分。

(2)装备产业链的每一个链条、节点或成员组织结构的复杂程度。组织结构最简单的评 10 分,其他依据复杂程度由复杂到较简单分别评 1 ~ 9 分。

(3)装备产业链的每一个链条、节点或成员参与产业链正常运行时间的长短。参加该装备产业链时间的最短的节点,给其评 10 分;其他节点根据参加该产业链时间的由长到较短相应评 1 ~ 9 分。

装备产业链的每一个链条、节点或成员的综合得分可取其各因数得分之和。下面给出链状装备产业链系统有关计算公式。

①节点或成员加权因子 K_i。

$$K_i=\frac{c_i}{c_S},i=1,2,\cdots,n \tag{7.16}$$

式中:c_i 表示第 i 个节点或成员的综合得分数;c_S 表示系统的总评分数;n 表示链状装备产业链系统的节点或成员个数。

②第 i 个节点的综合得分数。

$$c_i=\prod_{j=1}^{3} m_{ij},i=1,2,\cdots,n \tag{7.17}$$

式中:m_{ij} 表示第 i 个节点或成员的第 j 个因素的得分数;n 表示链状装备产业链系统的节点或成员个数。

③系统总评分数。

$$c_S=\sum_{i=1}^{n} c_i,i=1,2,\cdots,n \tag{7.18}$$

式中:c_i 表示第 i 个节点或成员的综合得分数;c_S 表示系统的总评分数;n 表示链状装备产业链系统的节点或成员个数。

④第 i 个节点可靠性指标。

$$R_i=1-K_i(1-R^*),i=1,2,\cdots,n \tag{7.19}$$

式中：R^* 表示要求装备产业链系统达到的可靠度；R_i 表示分配给第 i 个节点或成员的可靠性指标；K_i 表示第 i 个节点或成员加权因子；n 表示链状装备产业链系统的节点或成员个数。

若有一条装备产业链由 A、B、C、D、E、F 六个节点成员串联组成，要求该条产业链的整体可靠度要达到 0.85，采用综合评分法进行分配，各节点成员的可靠性指标分配结果如表 7–2 所示。

表 7–2 装备产业链可靠性综合评分法分配结果

因素 / 节点	地位的重要程度	组织结构的复杂程度	参与产业链的时间长度	节点所得综合分数	节点加权因子	可靠度分配值
A	9	10	6	540	0.2381	0.9643
B	10	8	8	640	0.2822	0.9577
C	8	6	7	336	0.1481	0.9778
D	7	4	9	252	0.1111	0.9833
E	5	7	10	350	0.1543	0.9769
F	6	5	5	150	0.0661	0.9901
产业链系统				2268	1	0..8673

至于网状装备产业链系统，在进行系统到子系统或链条的分配时，先根据子系统或链条的关系采用适当的模型，然后根据具体的数学模型按可靠性框图进行分配。

规定的装备产业链系统可靠度是产业链上所有链条、节点或成员的共同奋斗目标，需要通过产业链可靠性分配，将其分解细化到产业链每一个链条、节点或成员，从而可以确定产业链每一个链条、节点或成员各自要达到的可靠性目标。若有某个链条、节点或成员不能达到对其要求的可靠性，则可以采取如下针对性措施：

①限期达到，否则将其淘汰出装备产业链，并选择能达到可靠性要求的同类型的其他链条、节点或成员代替。

②不将其淘汰，而是对其同类型的其他链条、节点或成员进行考查后，优选其他链条、节点或成员进入装备产业链，与其组成并联子系统，从而达到系统整体可靠性要求。

如果装备产业链采取单一的链状结构，整个装备产业链就会缺乏柔性。为确保装备保障的稳定性，重要装备资源应该由同类型的两个以上的链条、节点或成员提供保障，不能仅依靠某个链条、节点或成员，否则一旦出现问题，势必影响整个装备产业链的正常运行，使整条产业链处于危机之中。

7.4.2 装备产业链结构模块化管理

装备产业链结构模块化管理是提高装备产业链可靠性的重要途径。装备产业链结构模块化管理，即根据装备产业链任务需要，按积木组装原理，设计出一系列可互换、组合和扩充的基本模块和专用模块，通过灵活编组，形成不同规模、不同类型、不同功能、可完成不同任务的实体。

装备产业链众多链条、节点或成员，对这些链条、节点或成员相互之间的结构进行模块化管理,可以增强装备产业链的灵活性,有效整合资源、节省运行成本,从而有效应对装备产业链可能遇到的不确定性,提高整个装备产业链系统运行的可靠性。

1. 装备产业链结构模块化含义及优势

结构模块化,即以模块组装方式构建链条、节点或成员及整个产业链的组织结构,是装备产业链应对各种不确定性、提高战争适应性的有效途径,符合复杂系统发展趋势和管理要求。装备产业链结构模块化也是为了取得装备产业链系统最佳的人力、财力、资源配置效益,用分解和组合等组织结构方法,建立装备产业链模块化体系,并运用节点、成员模块灵活组合成装备产业链系统的过程。

装备产业链结构模块化不是一个孤立的、静止的事物,而是一个有目标、有组织、持续适应变化的动态活动过程。装备产业链是一个复杂自适应系统,实现了结构模块化,各节点模块就具有了一定的自适应性和自学习能力,为了满足不同的军事需求,各模块以最佳形式进行组织,以最快的速度感知到环境的变化,对模块间的组织模式进行快速改变和重组,从而提高装备产业链应对不同军事需求的灵活性。因此,装备产业链结构模块化对适应未来信息化战争高不确定性具有十分显著的优势。

装备产业链结构模块化的优势主要体现在:

(1)灵活性。由于模块之间具备组合性的特点,因此在应对变化的军事需求时,可根据任务的性质和规模,临时调整具体所需功能模块的类型和数量,按照积木原理进行灵活组织,使得整个装备产业链的柔性增强,从而适应未来信息化条件下多样化的军事需求。

(2)简洁性。通过模块及子系统级的标准化来简化装备产业链系统及复杂结构模式,从而达到简化设计、缩短系统设计与适应周期的目的,使得整个装备产业链系统结构更加简洁明了。

(3)规范性。以模块化的、组合式的装备产业链构成模式,实现装备产业链系统构成的规范化,不仅使其具有灵活的可变性,而且通过通过明确模块的功能要求,使得装备产业链各子系统、节点或成员的行为更加规范、可控,有利于整个装备产业链系统管理和发展。

(4)高效性。按照模块化建立装备产业链系统可以根据需要快速便捷地调整或重组,大幅度提高装备产业链应急响应和运行的效率。

(5)集约性。由于每个模块都具备一定的兼容性和适用性,因此可与其他模块组合成多种不同功能的新模块,可以瞬间改变模块的规模和数量,大大减少了装备产业链中实体的种类,最大限度避免重复建设,从而实现装备产业链建设的集约性。

2. 装备产业链结构模块化建设

装备产业链结构模块化建设涉及军地相关的各个领域,主要包括组织管理指挥体系模块化和节点或成员单元模块化。组织管理指挥体系模块化建设属于决策层工作,节点或成员单元模块化建设属于业务层工作。

(1)组织管理指挥体系模块化建设。

未来信息化战争快节奏、高强度的对抗,要求装备产业链必须建立高效灵活的组织管理指挥体系。要达到这一目标,有效的途径之一就是对装备产业链组织管理指挥机构进行模块化建设和按需动态重组,使其形成一个功能完备、反应迅速、运行灵活、稳定可靠的模块化组织管理指挥体系。装备产业链组织管理指挥机构应具备以下功能模块:一是需求预计模块,负责各种装备资源和保障力量需求的预计;二是装备保障能力分析模块,负责持续分析整个装备产业链保障能力;三是装备资源配置模块,负责整个装备产业链装备资源配置地域的区分和确定;四是动态监控模块,负责实时监测、掌握整个装备产业链运行及环境变化情况,及时实施整体协调和控制,保证装备产业链有效运行与发展。另外,在军内还应根据不同层级和不同军兵种装备保障特点,建设一些专用的装备保障指挥功能模块。

(2)节点或成员单元模块化建设。

节点或成员单元模块化,指的是按照不同的装备资源需求对节点或成员的功能单元进行模块化建设。这种多功能的节点单元具有很强的资源综合保障能力,在编制规模和隶属关系上应有一定的灵活性,可以按照具体的任务灵活"拆解",按需"组装",像搭积木一样组成多能化的装备产业链节点或成员实体。这样,不仅可以使各个节点或成员的单元模块的专业化能力得到充分发挥,而且可以精简大量的与其他模块交叉重复的功能。

装备产业链结构模块化建设,应建立统一的规范和原则,促进各专业系统或功能模块的同步协调发展。以提升整个装备产业链的能力水平为目标,合理建设并配置模块资源,充分发挥现有模块的综合效益,积极开发和集成新的功能模块。按照统筹规划、协调发展、通专兼顾、平战结合、自下而上、逐级扩充的原则,建设装备产业链结构模块,通过提高模块可靠性以及模块间备份组合来提高整个装备产业链的可靠性,最终实现整个装备产业链高效、可靠运行与管理。

7.4.3 装备产业链物流子系统管理

装备产业链物流从本质上讲属于军事物流范畴,兼具军事物流和社会物流的部分特征。装备产业链物流子系统管理直接关系到装备产业链运行的可靠性和经济性。装备产业链物流子系统涉及众多环节、节点或成员,加剧了装备产业链的不确定性,构建以信息化技术为支撑的物流子系统也是应对装备产业链不确定性和可靠性管理的重要措施之一。通过建立规模适度、布局合理的物流子系统,有效利用各种先进的信息技术和物流装备,优化整合各种军地物流资源,精简物流环节,减少中间环节和装卸次数,通过快捷、直达物流,避免物流链过于冗长而导致的分层效应,利用扁平化的物流子系统结构谋求装备产业链资源保障质量、效率和效益。

1. 装备产业链物流子系统基本要求

为适应未来信息化战场的作战需要和复杂多变的环境,装备产业链物流子系统应重点考虑以下方面的要求。

(1)快速反应要求。

对装备产业链物流子系统最根本要求就是反应要"快"。要求装备产业链物流子系统必须具备与社会环境变化、军事需求变化、战场态势变化相适应的快速动员、快速反应能力,战时甚至要有与作战部队同步的快速反应能力。

(2)独立运行要求。

未来信息化高技术战争爆发突然,作战进程加快,先期作战效果决定着战局的胜败。装备产业链物流子系统必须具备很强的独立运行能力,要做到供、救、运、修等装备保障功能相对齐全配套,能适应不同作战环境和作战样式的需要。

(3)连续运行要求。

为了满足未来军事斗争持续高强度对抗的要求,装备产业链物流子系统必须能够保证战备、战前、战中不同装备保障强度下持续运行的能力和动态弹性扩展与调整能力。

(4)需求预测要求。

装备产业链物流子系统必须持续跟踪军方用户的装备保障需求并对未来一个较长时期的装备保障需求进行持续预测,不断更新完善未来物流保障方案,尽可能实现基于精确预测的主动预见性装备物流保障。

(5)信息协同要求。

装备产业链物流子系统作为装备保障的重要环节、链条,既有装备资源物质流也包含装备保障信息流。因此,装备产业链物流子系统运行过程既需要与其他子系统、链条、节点或成员进行装备保障信息协同,同时还会产生大量物流信息,需要进行相关信息的实时采集、汇总、储存、传递、分析及运用,为决策、预测、控制等管理活动提供依据、参考。

(6)优化储备要求。

装备产业链物流子系统要具有一定的弹性和适应性,必须持续进行装备资源储备种类、数量、配置优化。这就要求装备产业链物流子系统通过持续准确获取装备产业链运行过程中装备资源种类、数量、状况、位置和特性等数据信息,并根据需求预测结果不断优化装备资源储备结构、规模和布局。通过优化装备资源储备,空间与时间互换,保证资源快速、灵活按需流动,以满足作战部队实际装备保障需求。避免装备产业链各环节盲目采购、超量储备、重复建设等造成的损失和浪费,以及储备不足、保障不及时等影响作战进程。

2. 装备产业链物流子系统构建

由于现代信息技术的快速发展及广泛应用,社会物流体系和运输体系日臻完善。为现代装备产业链物流子系统建设奠定了坚实的基础。在装备产业链物流子系统建设过程中应当结合国防和军队建设现状、改革成果,充分借鉴发达国家成功经验和社会物流体系具体做法,以适应新军事变革和未来军事斗争的需要。

未来信息化高技术战争中,物质、信息流量大,运输、传输速度快,信息化的作战体系、平台,使指挥员能够控制到每个具体作战行动和战斗单元。信息化作战要求装备保障过程必须改革指挥方式,减少指挥层次,简化指挥环节,提高装备保障效率和效能。这就要求装备产业链物流子系统以信息为主导,建立便于物质、信息高速流动的扁平形“网”状结构。使得每个层次能够包含尽量多的装备保障成员单元,不仅平级单位之间能直接沟通联系,子系统、节点、成员、单元相互之间也能实现装备资源信息实时交换与协同。

按照信息化战争要求,优化装备产业链物流子系统运行流程,实时掌握作战部队的装备保障需求信息、各实体的装备资源信息和指挥管理信息,以信息流来控制物质流。必须打破传统装备资源保障层层申请、逐级上报的程序,通过装备产业链信息平台实时直接传送、运用相关信息,确定装备保障任务实施的优先次序和完善装备产业链物流方案,将前线所需装备资源通过装备产业链物流子系统主动、准确保障到位。

3. 装备产业链物流子系统建设主要信息技术分析

信息技术是装备产业链物流子系统重要支撑技术之一。信息技术主要涵盖了与信息获取、加工、存储、传输、显示和应用等相关技术,包括微电子技术、光电子技术、通信技术、网络技术、感测技术、控制技术和显示技术等。装备产业链物流子系统建设涉及的关键信息技术主要有自动识别与数据采集技术、电子数据交换技术、空间信息技术和数据挖掘技术等。

(1)自动识别与数据采集技术。

自动识别与数据采集技术是指不通过键盘而直接将数据录入计算机系统的一系列技术。自动识别与数据采集旨在消除人工数据收集和数据录入这两个费时又容易出错的环节,解决实物与信息之间的匹配关系问题,使实物的运输和仓储等过程可以近实时地反映到信息网络环境中,使物流管理人员能够迅速了解物流的全部过程,尤其是在途物资的情况,提高物流作业效率及准确性。自动识别与数据采集技术主要包括条码识别技术、射频识别技术、语音识别技术及生物识别技术等。

条码识别技术是出现最早、应用最成熟的自动识别和数据采集技术。它是为实现对信息的自动扫描而设计的,是实现快速、准确而可靠地采集数据的有效手段。条码技术可准确标识物流单元,包括人员、物品、设备、资产等,并通过条码识读设备实现数据采集的自动化,从而将物流转变为信息流,实现对物流的跟踪和管理。

射频识别(Radio Frequency Identification,RFID)技术是一项利用射频信号的无线通信来实现目标自动识别的技术。其工作原理是使用能接收和发射无线电波的电子标签存储信息,标签与识读器之间利用静电耦合、感应耦合或微波能量进行非接触的双向通信(识读距离从十几厘米到几十米),实现存储信息的识别和数据交换。

条码识别成本低,适用于有大量需求且数据不必更改的场合,如普通物资单品包装。射频识别成本相对较高,但性能优越,适合安装于集装箱上,用于大批物资的运输跟踪。

(2)电子数据交换技术。

电子数据交换(Electronic Data Interchange,EDI)是以计算机和数据通信网络技术为基础发展起来的电子信息应用技术。国际标准化组织(ISO)对电子数据交换的定义是:为商务或行政事务处理,按照一个公认的标准,形成结构化的事务处理或消息报文格式和从计算机到计算机的数据传输。

电子数据交换技术是按照协议将格式化的信息在计算机系统之间进行交换和自动处理的技术,即电子数据交换用户根据通用的标准格式编制电文,以机器可读的方式将结构化的信息按照协议形成标准电文经过通信网络传送。电子数据交换技术是一种信息管理或处理的有效手段,它是装备产业链信息流运行的有效方法之一,其目的是充分利用现有计算机及通信网络资源,提高装备产业链成员间通信的效益,降低相关业务成本。

(3)空间信息技术。

空间信息技术(Space Information Technology,SIT)是指以全球定位系统、地理信息系统、卫星遥感、空间信息库和现代通信等技术为主体,各种技术在生产和应用中的系统整合、功能集成和综合运用,具有信息捕捉快捷、定位准确、调控直观、覆盖面广、可扩充性强等特点,已成为21世纪国际竞争的制高点之一,是“数字地球”的重要载体和基本内容。与装备产业链物流子系统相关的空间信息技术主要有卫星定位技术和地理信息系统等。

卫星定位技术是基于各种高中低轨道卫星及其星座系统的无线定位技术。目前,美国全球定位系统(Global Positioning System,GPS)、俄罗斯的全球导系统(GLONASS)和中国的“北斗”卫星导航系统均已投入实际运行和军民应用。

卫星定位技术在装备产业链物流领域具有广阔的应用前景,尤其适用于物流配送车辆的定位、监控和指挥调度等方面。一方面,可以用于运输装备和车辆本身,如自动定位、自动导航;另一方面,可以用于保障物资的可视化管理,如跟踪调度、实时控制。GPS 系统发展应用最为成熟,我国“北斗”卫星导航系统的建设和应用,对于提高卫星定位技术在装备产业链物流保障与运行管理能力有着非同寻常的战略意义。

地理信息系统(Geographical Information System,GIS)集计算机图形和数据库于一体,储存和处理空间数据,结合数据库和电子地图,把地理位置和相关属性有机结合起来,以直观的方式组织、分析和管理信息,并根据实际需要将信息准确真实、图文并茂地输出给用户,实现信息的可视化,为管理者提供直观形象的决策支持方式。

地理信息系统技术在装备产业链物流指挥管理控制中的应用,可以直观实时地处理整个物流配送全过程的各个环节,利用专用工具软件还可以对其中涉及的如配送路线的选择、仓库的选址、运输车辆的调度等问题进行有效的辅助决策分析,提高装备产业链物流子系统运行效率。

(4)数据挖掘技术。

数据挖掘(data mining)是一个利用各种分析工具从大量的、不完全的、含噪声的、模糊的、随机的实际应用数据中,提取隐含在其中的、人们事先不知道的,但又潜在有用的信息和知识的过程。数据挖掘技术是一种新的信息处理技术,其主要特点是对数据(仓)库、大数据中的大量业务数据进行抽取、转换、分析和其他模型化处理,从中提取辅助决策的关键性数据。根据信息存储格式,用于数据挖掘的对象有关系数据库、面向对象数据库、数据仓库、文本数据源、多媒体数据库、空间数据库、时态数据库、异质数据库等各种类型的数据库以及互联网等各种来源的海量大数据。

数据挖掘的目标是从数据中发现隐含的、有意义的信息或知识,主要功能有自动预测趋势和行为、关联分析、聚类分析、概念描述和偏差检测等。数据挖掘常用技术主要有人工神经网络、决策树、遗传算法、近邻算法和规则推理等。

装备产业链物流子系统信息平台应当包括分布式数据库系统,由物理上分散的数据库构成,通过信息网络连接物流运行的各个环节,对相关实体网络和信息网络进行“无缝链接”,实现各种信息的数字化;应用地理信息系统、定位技术、数据传输技术、条形码技术以及电子射频技术等,实现装备资源物流实时跟踪,准确掌握其位置、性能和质量等信息,实现装备资源全产业链可视、可控。

7.5 装备产业链可靠性分析

7.5.1 系统可靠性分析方法

1. 故障树分析

故障树分析产生于 20 世纪 60 年代,70 年代后期得到发展,是一种常应用于大型复杂系统可靠性、安全性分析和风险评价的方法，目前在各个领域都得到了广泛应用。故障树分析是一种定性或定量的分析技术，是把在故障(失效)模式或效应分析中得到的信息用图表示、联系起来的一种方法。故障树是系统的一种故障模型，是对一个特定系统的一个特定顶事件(不希望事件)与引起该事件的事件用演绎法组织起来的布尔逻辑的图形表示。其形式是树状结构，信息从分枝梢头流出，在各分支的会聚点是单一的不希望事件(顶事件)。在进行故障树分析时，用逻辑门(and、or 等)将许多相互作用的事件联系起来，以提供表示系统故障(失效)的机理。

(1)故障树分析的主要优点。

①故障树分析以系统故障(失效)为导向，促使分析者积极地以演绎方式寻找故障(失效)事件。

②故障树是一种直观的、易于理解的、显示系统如何发生故障(失效)的数学模型。它指出了系统行为的主要方面，为评估修改提供参考。

③为确定系统的多故障和共因故障机理提供依据，也为进行定量分析提供了系统性的依据。

④故障树由一些逻辑门和各种故障(失效)事件组成，结构简单，分析起来比较容易。

⑤故障树分析也提供了与设计过程中考虑的故障特性一致的、清楚的文件。

(2)故障树分析的缺点。

①故障树建模人为因素影响大，不同的人建立的故障树可能会有很大的差别，相互之间不易核对，并且容易遗漏或重复。

②故障树对两状态(成功和故障)和无时序系统的分析十分方便，但是对于多状态和有时序的系统则分析起来非常复杂，甚至无能为力。

③故障树只能处理两状态，即只能描述一个系统完全故障(失效)和完全正常，单一故障树无法说明系统的降级运行状态。

2. 着色 Petri 网分析

着色 Petri 网(Coloured Petri Net, CPN)是一种对系统进行数学和图形描述、分析的工具，对于并发、异步、分布、并行、不确定性(指人为因素等)和/或随机性特征的信息处理系统有很好的适用性，它使用标记(Token)来模拟系统的动态行为和并发活动。作为一种数学工具，它又可以建立系统的状态方程、代数方程以及系统行为的其他模型，可以对其进行量化计算和验算。利用 CPN 对系统的可靠性和性能进行分析时主要是利用 CPN 的模块来描述和构造系统的 CPN 模型。

利用 CPN 对系统的可靠性和性能进行分析时有三种解决途径：一是利用模型进行仿真；二是将 CPN 描述转化成马尔可夫过程，进而通过马尔可夫链进行解析求解，或者转化成故障树；三是利用与 CPN 模块完全相应的 VHDL(Very-high speed integrated circuit Hardware Description Language，超高速集成电路硬件描述语言)描述并直接进行仿真。

3. GO 分析法

GO 分析法是一种有别于故障树的可靠性分析方法，它对多状态、有时序的系统，尤其是对于实际生产过程的安全性分析更为合适。20 世纪 60 年代，美国军方为了分析核武器和导弹系统的安全性和可靠性，由 Kaman 公司提出该分析方法。GO 分析法常用于解决复杂系统的可靠性问题，用于定量评价系统的安全性、可靠度或可用度，计算系统多状态的概率,查找系统成功的事件序列,生成系统成功的路集和系统故障的割集,确定导致故障的危险部件及其排序,生成事件树,进行不确定性分析。它直接用系统的流程图或原理图,通过操作符来描述具体设备的运行、相互关系和逻辑关系,最后用 GO 运算定量分析系统可靠性。与故障树分析法相比,GO 分析法具有以下优点。

(1)用 GO 图直接模拟系统,GO 图中的操作符和系统的部件一一对应,并模拟系统和部件的相互作用和相关性。

(2)GO 分析法以成功为导向,直接进行系统成功概率分析,易于被一般系统分析人员理解和接受。

(3)GO 分析法不仅可以分析系统和部件的成功状态概率,而且可以分析系统和部件故障状态的概率,GO 操作符和信号流都可以表示系统的多个状态,因此 GO 分析法可以用于有多个状态的系统可靠性分析。

(4)GO 分析法不同于故障树分析法只描述某一特定时刻的系统状态,而是分析事件序列过程,因此 GO 分析法可以描述系统和部件在各个时间点的状态和状态的变化,可用于有时序的系统概率分析。

(5)GO 分析法不只评价导致系统故障的事件组合,而且分析系统所有可能状态的事件组合,因此 GO 分析法可以求系统成功的路集和系统故障的割集。

从上述系统可靠性分析方法综合比较来看,GO 分析法的优点表明其特别适用于装备产业链这类动态复杂系统的可靠性分析。

7.5.2　GO 分析法概述

20 世纪 60 年代中期,美国 Kaman 公司最先提出 GO 分析法,同时开发了相应的 GO 分析程序,应用于核武器和导弹系统的安全性和可靠性分析,之后美国电力能源研究所(Electric Power Research Institute, EPRI)又将 GO 分析法的功能进一步拓展。20 世纪 80 年代,日本船舶研究所在 GO 分析法的基础上开发了适合动态系统的 GO-Flow,将 GO 分析法推进了一步。

1. GO 分析法基本原理

GO 分析法作为一种系统可靠性的分析方法,是基于事件树理论的。事件树是通过依次分析系统中每一步可能出现的各种情况,从而得到不同的分支,最终表示出系统所有可能出现的情况。而 GO 分析法在事件树的基础上更进一步,它以系统的每个基本单元为基础,将可能发生的各种情况合并以后浓缩到每一个操作码上,从而使模型更加简洁。

GO 分析法的思路与其他图形化的方法类似,也要通过对系统的分析来构造相应的图形化模型,这个模型称为 GO 图。GO 分析法的基本原理是依据系统原理图、流程图或工程框图直接按一定的规则建立 GO 图,然后按操作符的运算规则进行 GO 运算,得到系统的可靠性参数。分析过程是从输入事件开始,经过一个 GO 模型的计算,确定系统各状态的最终概率。GO 可靠性分析法的目标是由系统组成部分(单元)的可靠性特征量确定系统的可靠性特征量。GO 分析法直接依靠系统原理图、流程图或工程框图把它们按照一定规则"翻译"成 GO 图。GO 图用 GO 符号(操作符)表示具体的部件或其逻辑关系;用信号流连接操作符,表示具体的物流(如物质流、液流、气流、电流等)或逻辑上的进程;GO 图的连接逻辑采用正常的工作路径,也就是"面向成功"的建模方法。这样得到系统的 GO

图可以反映系统的原貌,表达出系统中各部件之间的物理关系和逻辑关系。建立了GO图,就可以对系统进行定性、定量分析。GO图中的操作符代表一定的功能,它与其他输入、输出信号有一定的运算规则和逻辑关系,利用GO图和操作符的运算规则来完成对系统可靠性的分析,进行安全性、可靠度或可用度等的计算,进行故障查找或最小路集和故障集的分析等。

GO分析法主要特点:

(1)GO分析法用GO图直接描述系统,GO图中的操作符与系统的部件几乎是一一对应的。

(2)GO分析法以成功为导向,可以直接进行系统状态概率分析。

(3)GO操作符和信号流可以表示系统的多个状态,可用于多状态的系统可靠性分析。

(4)GO分析法可以描述系统在各个时间点的状态,可用于有时序的系统可靠性分析。

(5)GO分析法可以分析系统所有可能状态的事件组合,可以生成系统的路集和割集。

GO图和GO运算的两大要素是操作符和信号流。

2. 操作符

系统中的元件、部件可以统称为单元,GO分析法中用操作符代表单元。操作符的属性有类型、数据和运算规则,类型(Type)是操作符的主要属性,操作符类型反映了操作符所代表的单元功能和特征。GO分析法已定义了17种标准的操作符,以类型1~17表示,如图7-12所示,其中2、10、11为逻辑操作符,S表示输入信号,P表示次输入信号,R表示输出信号。数据和运算规则是从属于类型的属性,各类型的操作符都有规定的单元数据要求和规定的状态运算规则。

3. 信号流

信号流连接操作符,代表具体的物流如电流、液流、气流、物质流等,或者代表逻辑上的进程,表示系统单元的输入、输出以及单元之间的关联。信号流的属性是状态值和状态概率,信号流可以有多个状态值,用$0,1,\cdots,N$整数状态值代表$N+1$个状态,其中状态值0代表提前状态,状态值$1,2,\cdots,N-1$表示多种成功状态,最大值的状态值N表示故障状态,其相应状态值的概率为$P(0),P(1),\cdots,P(N)$,满足$\sum_{i=0}^{N}P(i)=1$。

$0\sim N$状态值是系统状态的代表,如不同的流量值、不同的速度值等。对于有时序的系统,$0\sim N$状态值可以称为时间点,用以代表一系列给定的具体的时间值。用最大状态值N表示故障状态。

4. GO图

GO图由操作符和连接操作符的信号流组成。GO图对系统的表示逻辑模型有如下假设:①系统为连贯的,因此每个部件都与系统相连,无单独的部件;②系统为两状态,即成功和失败两种状态;③不同部件的寿命是相互独立的;④部件可以是有一定修理时间的可修复部件;⑤部件修理完成后,恢复如新的状态。

正确的GO图应符合以下规则:

(1)GO图中所有的操作符应标明它的类型号和编号,且编号是唯一的。

(2)GO图中至少要有一个输入操作符(类型4、5除外)。

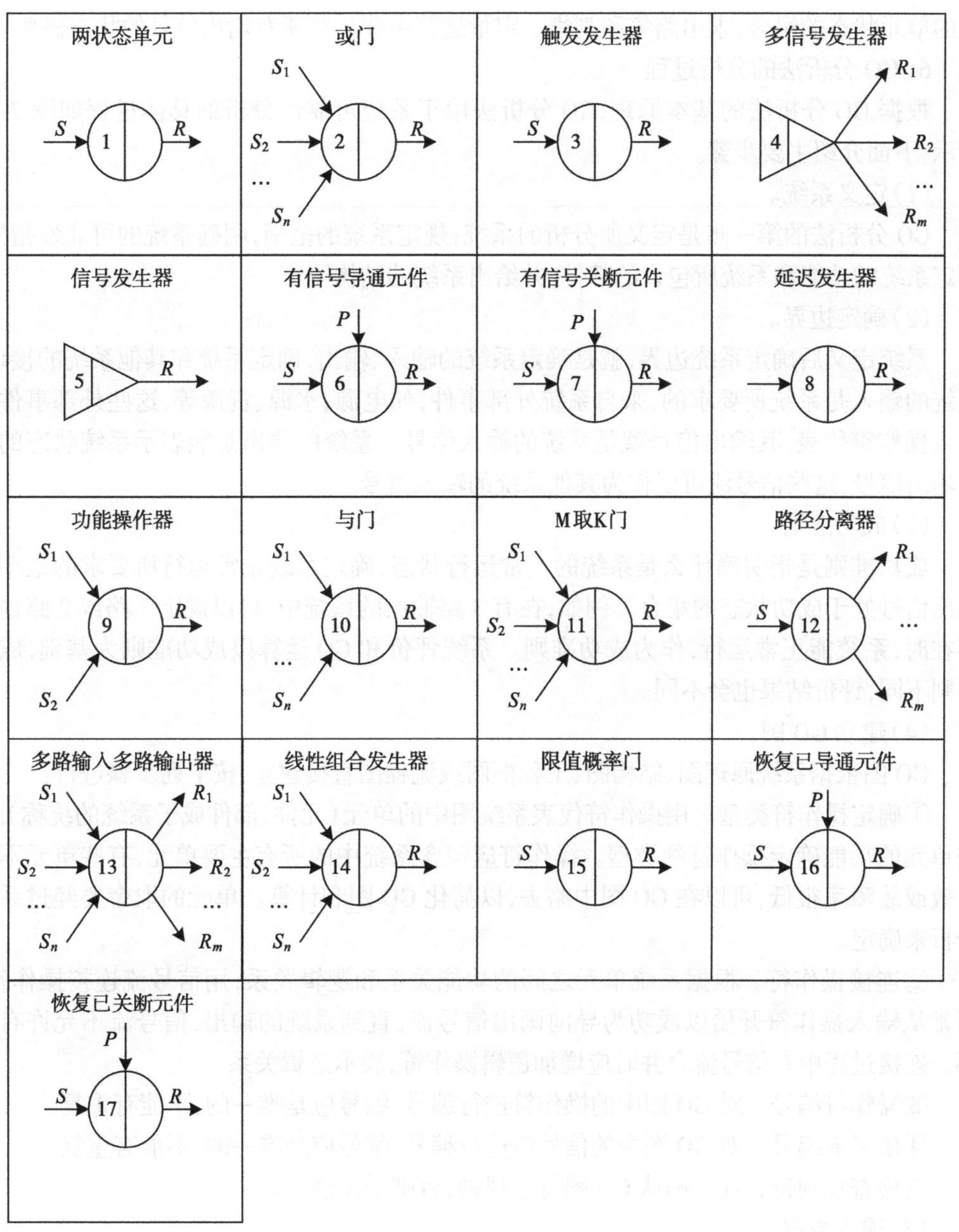

图7-12 GO分析法的17种标准操作符

(3)任一操作符的输入信号必须是另一操作符的输出信号,信号流的编号是唯一的。

(4)信号流从输入操作符开始到代表系统输出的信号流,形成信号流序列,不允许有循环。

5. GO运算

GO图建立后,输入所有操作符的数据,从GO图的输入操作符的输出信号开始,根据下一个操作符的运算规则进行运算,得到其输出信号的状态和概率,按信号流序列逐个进行运算直至系统的一组输出信号,这就是GO运算。定性运算分析系统各状态的所有可能的单元状态的组合,求出路集和割集。定量运算主要计算所有输出信号的状态概率。

6. GO 分析法的分析过程

根据 GO 分析法的基本原理,GO 分析法用于系统可靠性分析的具体过程如图 7–13 所示,下面介绍主要步骤。

(1)定义系统。

GO 分析法的第一步是定义所分析的系统,规定系统的范围,明确系统的可靠性指标。确定系统的功能和系统所包含的部件,并给出系统的结构图。

(2)确定边界。

系统定义后确定系统边界,就是确定系统的输入、输出,确定系统和其他系统的接口。系统的输入是系统所要求的,来自系统外部事件,如电源、水源、资源等,这些外部事件用输入操作符代表,其输出信号就是系统的输入信号。系统的输出是能表示系统状态的一组输出信号,这些信号流可以作为其他系统的输入信号。

(3)成功准则。

成功准则是指明确什么是系统的正常运行状态,确定系统正常运行所要求的最小的输出信号处于成功状态的集合。例如,在有 3 路输出的系统中,可以规定 1 路或 2 路输出存在时,系统能正常运行,作为成功准则。系统评价和 GO 运算以成功准则为基础,成功准则不同,评价结果也会不同。

(4)建立 GO 图。

GO 图依据系统原理图、结构图、工程框图或流程图直接建立,按下列步骤进行:

①确定操作符类型。用操作符代表系统图中的单元(元件、部件或子系统的统称),并按单元的功能确定操作符的类型。操作符应包含系统中的所有主要单元,有些单元不会失效或故障率很低,可以在 GO 图中略去,以简化 GO 图和计算。单元的取舍要经过系统分析来确定。

②连接操作符。根据系统单元之间的功能关系和逻辑关系,用信号流连接操作符。通常从输入操作符开始以成功为导向画出信号流,直到系统的输出,信号流不允许有循环。连接过程中有信号流合并时应增加逻辑操作符,表示逻辑关系。

③操作符编号。对 GO 图中的操作符进行编号,编号应是唯一的,不能有重复。

④信号流编号。对 GO 图中的信号流进行编号,编号应是唯一的,不能有重复。

⑤检查规则符合性。确认 GO 图符合规则,否则予以修正。

(5)输入数据。

GO 图建立后,确定系统所有单元的状态概率数据,然后按操作符编号输入数据。由操作符类型决定所需数据格式,数据可直接输入 GO 程序或生成输入数据文件。

(6)GO 运算。

GO 运算根据 GO 图和数据,从输入操作符开始,按操作符的运算规则,逐步运算至系统的输出信号。GO 运算通常由 GO 程序来完成,较小的系统也可以由人工来进行。

(7)评价系统。

GO 运算结果和系统成功准则用以计算系统的可靠度或可用度,根据系统的功能和要求对系统进行评价。在分析过程中,根据具体分析对象的不同,有可能不完全按照上面的步骤,上述步骤只是说明最一般的情况,如图 7–13 所示。

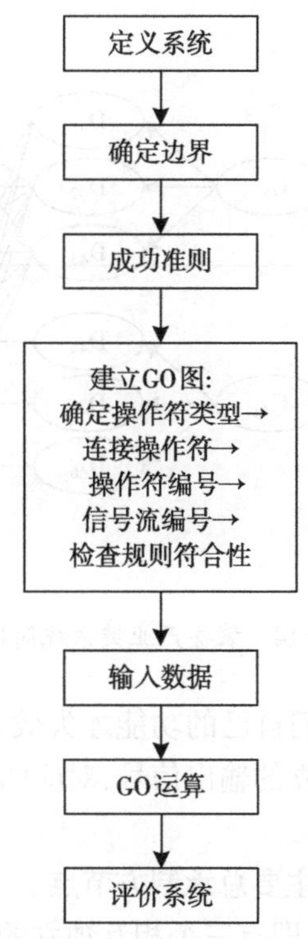

图 7-13　GO 分析法分析主要步骤

7.5.3　基于 GO 分析法的装备产业链可靠性分析

GO 分析法对于多状态、有时序的系统,尤其是实际装备产业链系统的可靠性分析,有着其他方法不可替代的作用和特点。将 GO 分析法应用于装备产业链系统的可靠性分析,首先要依据装备产业链结构图通过分析直接建立系统 GO 图。装备产业链系统 GO 图中的操作符代表装备产业链系统中的各个节点(系统包含的单元),GO 图中信号流代表节点的输入和输出以及节点之间的关联。生成 GO 图后,用 GO 分析法进行分析,包括输入数据、定量 GO 运算和系统可靠性计算,从而得到装备产业链系统可靠性特征量。

1. 装备产业链结构模型的 GO 图

运用 GO 分析法对装备产业链可靠性进行分析,只考虑装备产业链结构中的装备资源物流,而不考虑其信息流和资金流。例如,某装备产业链系统简化如图 7-14 所示。

图 7-14 中 A 为装备产业链中一级供应商节点;B 为装备产业链中主要转承制方节点;C 为装备产业链中主要总承制方节点;D 为战役储备节点;E 为战术储备或保障节点;F 为军方用户节点。

根据 GO 分析法操作符及其含义,结合装备产业链系统中节点的功能,对图 7-14 中六个级别的所有节点进行与 GO 法操作符的一一对应。

A 级:A_{11} ~ A_{16} 都是装备资源供应商,其功能都是相同的,处在装备产业链系统的第一级,因此,它们与 GO 操作符对应为信号发生器(类型 5)。

B 级:B_{21} ~ B_{23} 为装备产业链中主要转承制方节点,只有为它们提供装备资源的供应

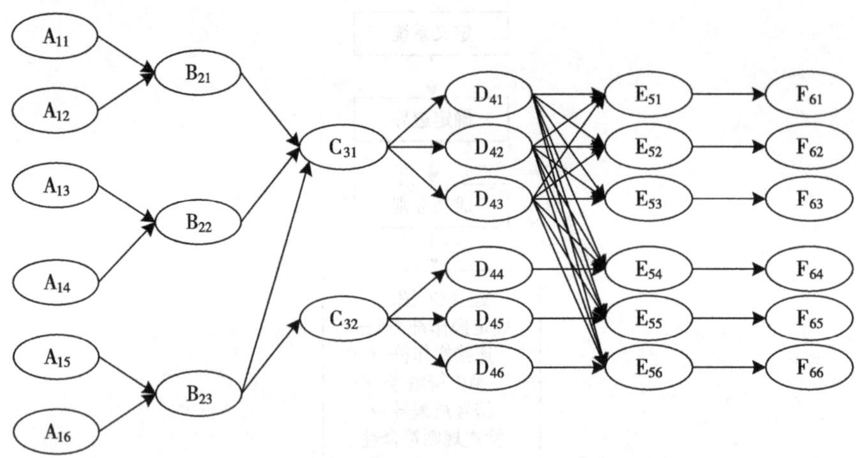

图 7-14 装备产业链系统简化图

商失效，即所有输入信号故障，它们自己的功能才失效。因此，B_{21}、B_{22} 与 GO 操作符对应为或门（类型 2），B_{23} 有两个相互独立的输出信号，对应的 GO 操作符为多路输入输出器（类型 13）。

C 级：C_{31}、C_{32} 为装备产业链中主要总承制方节点。

C_{31} 有 $B_{21} \sim B_{23}$ 三个转承制方，即有三个相互独立的输入信号，却有三个供应对象，即三个输出信号，只有所有的输入信号故障，C_{31} 才失效。而对于其输出信号，考虑成本和保障任务需求并不需要输出信号同时畅通，只保证最需要的物流畅通即可。因此，C_{31} 对应的 GO 操作符为或门（类型 2）与路径分离器（类型 12）的连接。

C_{32} 有一个转承制方和三个供应对象，即一个输入信号和三个输出信号，虽然三个输出信号相互独立，但必须保证三个输出信号都有效，因此只能 C_{32} 将分离为三个两状态单元（类型 1）。

D 级：$D_{41} \sim D_{46}$ 均为战役储备节点。

$D_{41} \sim D_{43}$ 同样面对所有不同的战术储备或保障节点，其对应的 GO 操作符为路径分离器（类型 12）。

$D_{44} \sim D_{46}$ 分别面对 $E_{54} \sim E_{56}$ 战术储备或保障节点，对应的 GO 操作符均为两状态单元（类型 1）。

E 级：$E_{51} \sim E_{56}$ 均为战术储备或保障节点。

$E_{51} \sim E_{53}$ 均有三个供应节点和一个保障节点，即三个输入信号和一个输出信号，但三个输入信号中只要有一个有效，就相当于中 $E_{51} \sim E_{53}$ 的输入和输出信号是一对一的关系，但作为需要装备保障的军方用户，其需要的装备保障量由其消耗量的估算来定，即输入信号的量与其范围有关，并以限定的概率产出信号，因此，对应的 GO 操作符均为限值概率门（类型 15）。

$E_{54} \sim E_{56}$ 均有四个供应节点和一个保障节点，即四个输入信号和一个输出信号，因为涉及专用和通用装备保障要求，即 $D_{44} \sim D_{46}$ 的输出信号必须分别流入 $E_{54} \sim E_{56}$，同时 $D_{41} \sim D_{43}$ 的信号流也要有选择性地流入 $E_{54} \sim E_{56}$。

F 级：$F_{61} \sim F_{66}$ 均为军方用户节点。分别对应一个输入信号和一个输出信号，由于是最后一级，输入信号和输出信号的量都有限制，因此，它们对应的操作符均为限值概率门(类型 15)。

通过上述对装备产业链系统中所涉及的操作符类型的详细分析，可以构建出装备产业链系统 GO 图，如图 7-15 所示。

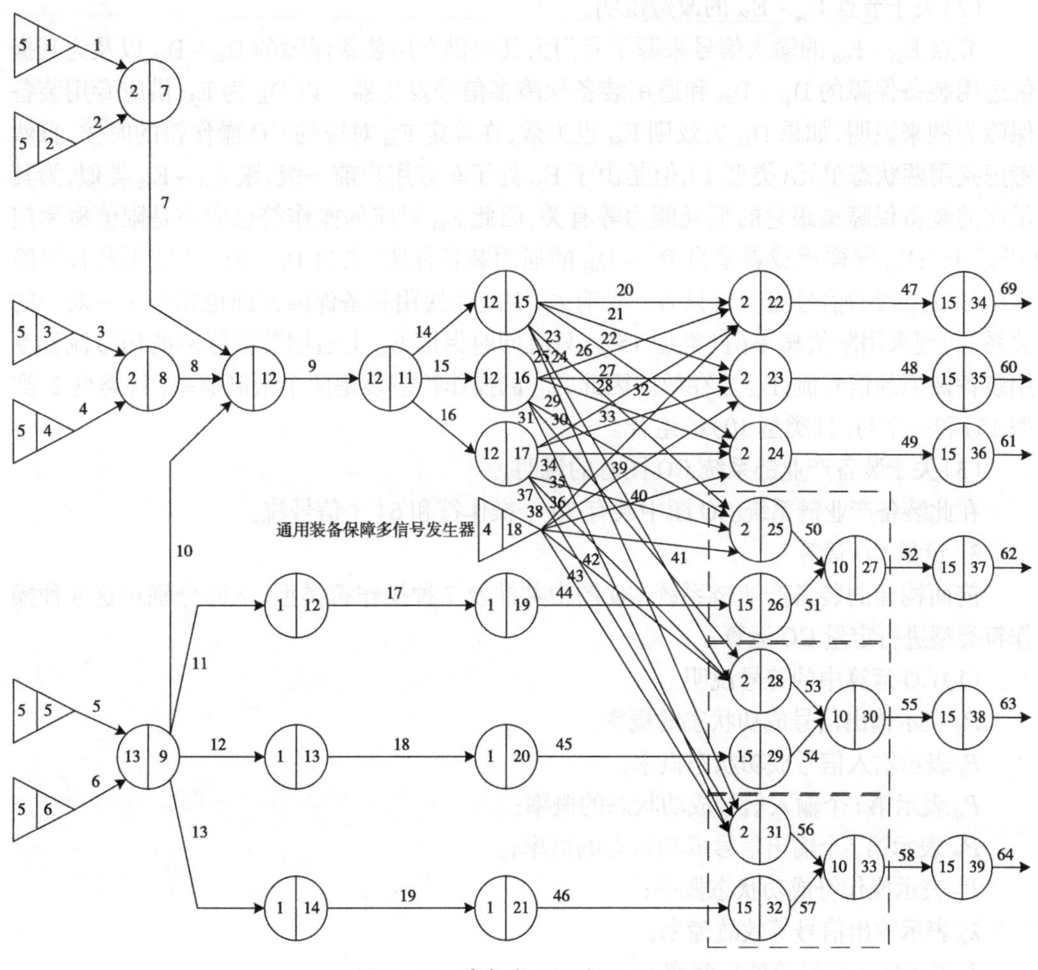

图 7-15　装备产业链系统 GO 图

2. 装备产业链系统 GO 图说明

在图 7-15 中所涉及的大部分操作符已有表述。只有部分考虑到操作符的功能，进行了比较大的变动，在此进行详细说明。

(1)关于通用装备保障多信号发生器的说明。

C_{31} 最终是由路径分离器(类型 12)输出信号，只能保证一个输出有效，即 $D_{41} \sim D_{43}$ 中只有一个节点有效，同时由于 $D_{41} \sim D_{43}$ 对应的也是 GO 操作符路径分离器(类型 12)，将路径分离器(类型 12)运用在装备产业链系统中主要是为了说明应对不确定性因素以节省成本或实现装备保障的快速响应等；而 $D_{41} \sim D_{43}$ 却要保障 $E_{51} \sim E_{56}$ 的通用装备保障，因此，当 $D_{41} \sim D_{43}$ 中只有一个节点，并且该节点只有一个输出信号有效时，说明 $E_{51} \sim E_{56}$ 中只有一个节点得到了装备保障供应服务。要保证其他节点也有信号输入，于是引进了多信号发生器(类型 4),此多信号发生器(类型 4)输出的是通用装备保障的信号,因此在此装备产业链系统 GO 图中被命名为通用装备保障多信号发生器。此多信号发生器主要是保证 $E_{51}\sim E_{56}$ 中除已经得到装备保障服务的节点以外的其他节点也能得到需求的装备保障供应。该通用装备保障多信号发生器处于 D 级,被纳入战役储备节点。

(2)关于节点 $E_{54}\sim E_{56}$ 的改造说明。

节点 $E_{54}\sim E_{56}$ 的输入信号来源于专门为其提供专用装备保障的 $D_{44}\sim D_{46}$ 以及为其提供通用装备保障的 $D_{41}\sim D_{43}$ 和通用装备保障多信号发生器。以 D_{44} 为 E_{54} 供应专用装备保障为例来说明,如果 D_{44} 失效则 E_{54} 也失效,在确定 E_{54} 对应的 GO 操作符的时候,自然考虑到用两状态单元(类型 1),但是由于 E_{54} 处于军方用户前一级,跟 $E_{51}\sim E_{53}$ 类似,为其供应的装备保障量跟它的消耗能力等有关,因此 E_{54} 对应的操作符也应该是限值概率门(类型 15);E_{54} 同样承载着来自 $D_{41}\sim D_{43}$ 的通用装备保障,来自 $D_{41}\sim D_{43}$ 和通用装备保障多信号发生器的信号流中也只有一个有效,因此在通用装备保障方面也相当于一对一的关系,同理采用限值概率门(类型 15)。只有同时保证 E_{54} 上通用装备保障的信号流和专用装备保障的信号流,E_{54} 才存效。因此,E_{54} 的操作符应该是两个限制概率门(类型 2、类型 15)和一个与门(类型 10)的组合。

(3)关于装备产业链系统 GO 图总的说明。

在此装备产业链系统 GO 图中共有 39 个操作符和 64 个信号流。

3. 定量 GO 运算

前面构建的装备产业链系统 GO 图中共涉及 7 种操作符类型,下面分别对这 8 种操作符类型进行定量 GO 运算。

(1)GO 运算中的符号说明。

P_R 表示输出信号成功状态的概率;

P_s 表示输入信号成功状态概率;

P_{si} 表示第 i 个输入信号成功状态的概率;

P_{Rj} 表示第 j 个输出信号成功状态的概率;

P_C 表示操作符成功状态概率;

λ_R 表示输出信号等效故障率;

λ_s 表示输入信号等效故障率;

λ_{si} 表示第 i 个输入信号等效故障率;

λ_{Rj} 表示第 j 个输出信号等效故障率;

λ_C 表示操作符故障率。

(2)GO 图所涉及的操作符类型的运算。

①类型 1:两状态单元。

类型 1 这种两状态单元是简单但最常用的操作符,所模拟的单元只有两个状态:成功——信号能通过;故障——信号不能通过。在装备产业链中就是在规定的条件下和规定的时间内得到装备资源并在规定的时间内将装备资源送出,视为成功,否则视为故障。

输出信号状态的概率可用输入信号成功状态和操作符状态的组合的联合概率计算,假设输入信号状态和操作符状态是独立的,它们的联合概率可直接用它们的概率相乘来计算。

操作符和输入信号相互独立,输出信号成功状态概率和等效故障率计算公式分别为

$$\begin{cases} P_R=P_s\times P_C \\ \lambda_R=\lambda_s+\lambda_C \end{cases} \tag{7.20}$$

②类型 2:或门。

当 M 个信号都故障时,输出信号故障,同时考虑操作符成功状态概率。输出信号成功状态概率和等效故障率计算公式分别为

$$\begin{cases} P_R=P_C\times[1-\prod_{i=1}^{M}(1-P_{si})] \\ \lambda_R=\lambda_C+\dfrac{1}{\sum_{i=1}^{M}\dfrac{1}{\lambda_{si}}} \end{cases} \tag{7.21}$$

③类型 4:多信号发生器。

多信号发生器中有多个输出信号,考虑装备产业链中装备保障的实际,输出信号的成功概率就是操作符的成功概率。即

$$\begin{cases} P_R=P_C \\ \lambda_R=\lambda_C \end{cases} \tag{7.22}$$

④类型 5:单信号发生器。

单信号发生器中输出信号的成功概率就是操作符的成功概率。即

$$\begin{cases} P_R=P_C \\ \lambda_R=\lambda_C \end{cases} \tag{7.23}$$

⑤类型 10:与门。

与门有多个输入信号、1 个输出信号,表示输入输出的逻辑关系。当 M 个相互独立的输入信号有一个发生故障时,输出信号发生故障。只有 M 个输入信号都是成功状态,输出信号才是成功状态。在装备产业链中,某一节点需要两种或多种必需的装备资源,只要一种装备资源供应不上,该节点就不能成功运行,即无法实现它的价值、无法创造军事效益。输出信号成功状态概率和等效故障率计算公式分别为

$$\begin{cases} P_R=P_C\times\prod_{i=1}^{M}P_{si} \\ \lambda_R=\lambda_C+\sum_{i=1}^{M}\lambda_{si} \end{cases} \tag{7.24}$$

⑥类型 12:路径分离器。

路径分离器有一个输入信号,有 M 个输出信号,输入信号可以选择从某一路输出,选定某一路输出时,其他路都没有输出,也可以全关闭,M 路都没有输出。表现在装备产业链中,某些节点为下一节点供应装备资源的时候,要考虑成本和运输路径等问题,选择最合适、需求最紧迫的下一级节点。当 M 个输出信号相互独立时,输出信号成功状态概率和等效故障率计算公式分别为

$$\begin{cases} P_{Rj}=P_s\times P_C \\ \lambda_{Rj}=\lambda_s+\lambda_C \end{cases}(j=1,2,\cdots,M) \tag{7.25}$$

⑦类型 13:多路输入多路输出器。

多路输入输出器有 K 个输入信号、M 个输出信号,代表有多路输入多路输出。由于在构建装备产业链系统 GO 图中出现了一次涉及了通用装备保障和专用装备保障的问题。其输出的通用装备保障的信号只与输入的通用装备保障的信号有关,输出的专用装备保障的信号只与专用装备保障的信号有关,专用装备保障又分为若干种,因此输出信号只与各自对应的输入信号有关。输出信号成功状态概率和等效故障率计算公式为

$$\begin{cases} P_{Rj}=P_C\times\prod_{i=1}^{K}P_{si} \\ \lambda_{Rj}=\lambda_C+\sum_{i=1}^{K}\lambda_{si} \end{cases}\quad (j=1,2,\cdots,M) \tag{7.26}$$

⑧类型 15:限值概率门。

限值概率门就是对输入信号的状态值和概率值加以限值,给出规定的域值,根据输入信号的状态值和概率值是否在给定的域值范围内决定输出信号的状态值,以限定的概率产出输出信号,为不影响整个装备产业链系统的可靠性,限值概率为 1,输出信号成功状态概率和等效故障率计算公式为

$$\begin{cases} P_R=P_s \\ \lambda_R=\lambda_s \end{cases} \tag{7.27}$$

4. 装备产业链可靠性的特征量

在运行过程中,装备产业链某些节点出现了故障或失效要进行及时修整,节点出现故障不能正常运行和整个装备产业链为了应对特殊任务要求和环境变化的需要进行的调整都属于故障的范畴。借鉴可靠性工程相关理论方法,把这种修整装备产业链的过程也叫做维修。由于装备产业链具有不确定性,装备产业链发生故障也具有随机性,因此,装备产业链也可以认为是一个可修复系统。结合工程系统中常用的可修系统,若其发生故障和完成维修时间也均服从指数分布,也可认为装备产业链中的节点发生故障和完成维修时间也服从指数分布。可以确定装备产业链系统稳定后的一系列可靠性特征量:

MTBF 表示装备产业链系统平均无故障运行时间;

MTTR 表示装备产业链系统平均故障恢复时间;

MCT 表示装备产业链系统平均寿命周期;

A 表示装备产业链系统稳态可用度(平均工作概率);

$\bar{A}$ 表示装备产业链系统稳态不可用度(平均停工概率);

f 表示装备产业链系统单位时间平均故障次数;

λ 表示装备产业链系统故障率;

μ 表示装备产业链系统修复率。

装备产业链系统可靠性各特征量之间的关系式如下:

$$
\begin{cases}
\text{MTBF} = \dfrac{1}{\lambda} \\
\text{MTTR} = \dfrac{1}{\mu} \\
\text{MCT} = \text{MTBF} + \text{MTTR} \\
A = \dfrac{\text{MTBF}}{\text{MCT}} = \dfrac{\mu}{\lambda + \mu} \\
\overline{A} = 1 - A = \dfrac{\text{MTTR}}{\text{MCT}} = \dfrac{\lambda}{\lambda + \mu} \\
f = A\lambda = \overline{A}\mu = \dfrac{1}{\text{MCT}}
\end{cases}
\tag{7.28}
$$

5. 可靠性计算

构建的装备产业链系统 GO 图中，共有 39 个操作符和 64 个信号流。在对其进行可靠性计算过程中，需要大量的数据，而数据主要是通过历史数据拟合和专家评估得到的，对于大量数据的搜集是一个复杂的系统工程。数据可以在实际运行过程中统计一定时期内各节点的故障率和平均故障恢复时间，从而得到各节点的故障率(操作符的故障率)。通过节点故障率与平均故障恢复时间，可以对装备产业链系统进行可靠性计算。

第 8 章　装备产业链效能评估

装备产业链的效能综合反映了装备产业链价值和发展水平。为了确保装备产业链科学发展、有效运行,必须通过对产业链运行效能的评估和反馈,为装备产业链管理决策提供依据。追求装备质量和经济效益最大化是中国特色社会主义市场经济体制下装备产品交易主体的共同利益诉求和社会责任。装备产品交易作为一种复杂的社会经济现象,受众多不确定因素影响,使得数学方法的应用受到一定限制。产业链是一个相对宏观的概念,同时基于装备质量和效能所固有的模糊特性,下面采用模糊综合评价法[92]定量评估装备产业链的效能。

8.1　装备产业链效能评估指标体系构建

效能亦称绩效,是指计划实施或已经完成或正在进行的某项活动所产生、与资源耗费有关、可度量、对社会或特定目标有益的结果。效能可以作为评估一切实践活动有效性的尺度和标准。

现代产业链管理思想强调组织间的协同合作,实现共赢。装备产业链效能反映整个产业链的运行过程性成果和最终结果。产业链效能从价值角度看,是指产业链节点企业间通过优化结构、协同合作、资源共享等活动所创造和增加的价值总和。

产业及产业链的效能以其价值体现为标志,装备产业链效能主要体现在两个方面:一是产业链节点企业的价值增值和产业链价值增值,具体表现为产业链的综合经济效益;二是装备产品用户(军方)价值,具体表现为装备质量与军事、经济和社会综合效益。

质量与效益可以用来衡量产品或服务满足用户需要的程度。装备质量与效益通常体现在装备战术性能、可靠性、技术先进性、维修性、保障性、安全性、环境适应性、寿命、经济性等方面。产业链综合经济效益通常体现在产业链利润增长率、产业链直接经济效益、产业链间接经济效益等。

装备产业链效能评估指标体系分为两个层次指标。

第一层装备产业链效能评估指标包括装备质量与效益(u_1)和产业链综合经济效益(u_2)两个一级指标。评估总目标因素集为

$$u=(u_1,u_2) \tag{8.1}$$

第二层为装备质量与效益和产业链综合经济效益两个子指标集,见图 8.1,分别为

$$u_1=(u_{11},u_{12},u_{13},u_{14},u_{15},u_{16},u_{17},u_{18},u_{19}) \tag{8.2}$$

$$u_2=(u_{21},u_{22},u_{23}) \tag{8.3}$$

装备产业链效能评估指标体系的结构见图 8-1。

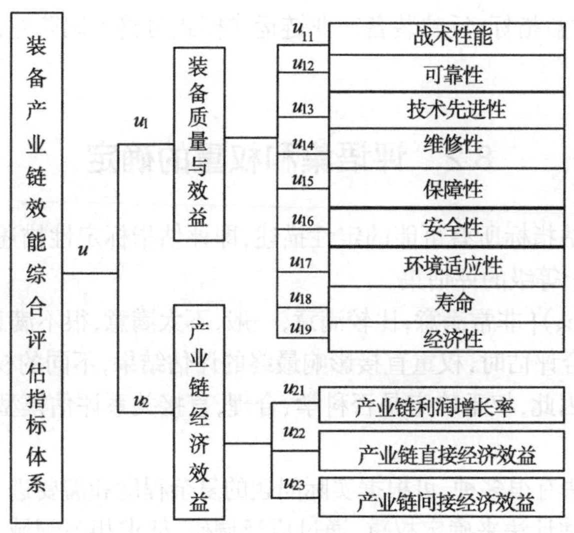

图 8-1　装备产业链效能评估指标体系

装备质量与效益指标主要包括 9 个二级指标。

(1)装备战术性能指标,反映装备满足作战使用要求的特征和功能。

(2)装备可靠性指标,反映装备在规定的条件和规定的时间内完成规定功能的能力。

(3)装备技术先进性指标,是对装备整体技术所达到的水平和先进程度的综合度量。

(4)装备维修性指标,反映装备在规定的条件和规定的时间内,按规定的程序和方法进行维修时,使装备保持和恢复到规定状态的能力。

(5)装备保障性指标,是指装备的保障设计特性和计划的保障资源能满足平时战备和战时使用要求的能力。装备的保障设计特性即装备的保障性,是指与装备使用与维修保障有关的设计特性。

(6)装备安全性指标,是指装备所具有的不导致人员伤亡、系统毁坏、重大财产损失或不危及人员健康和环境的能力。

(7)装备环境适应性指标,是指装备在其寿命期预计可能遇到的各种环境的作用下能实现其所有预定功能、性能和(或)不被破坏的能力。

(8)装备寿命指标,是指装备从部署开始直到不能服役使用为止的所有工作储存寿命单位(如时间、里程等)之和,在此特指装备的自然寿命。

(9)装备经济性指标,主要反映从装备的研制、试验、定型、生产、部署、使用、维修直至退役报废的全寿命费用的经济可承受性、合理性。

产业链综合经济效益指标包括 3 个二级指标。

(1)产业链利润增长率指标,反映产业链年度综合净利润增长的百分比。

(2)产业链直接经济效益指标,反映由于装备产品研制、生产、销售带给节点企业和产业链的直接经济利益,是对直接经济收益、技术创新能力、综合竞争实力等方面的综合度量。

(3)间接经济效益指标,反映装备产业链运作模式对整个国防建设、国家经济建设贡献的综合度量。

8.2 评语集和权重的确定

评语集是对评估指标所有可能的定性描述,即评估指标定性描述的集合。这里对各指标均给出包含5个等级的评估集。

$v=(v_1,v_2,v_3,v_4,v_5)$ {非常满意,比较满意,一般,不太满意,很不满意}

在进行模糊综合评估时,权重直接影响最终的评估结果,不同的权重有时会得到完全不同的评估结论。因此,权重确定是否科学、合理,直接关系评估模型的合理性与评估结论的可信性。

确定权重的方法有很多种,可根据实际问题的复杂程度和需要进行选择。

这里采用专家估计法来确定权重,通过广泛调研,征求相关领域专家意见,权重确定结果如下:

$$\boldsymbol{A}=(0.5,0.5) \tag{8.4}$$

$$\boldsymbol{A}_1=(0.15,0.15,0.10,0.10,0.15,0.10,0.10,0.05,0.10) \tag{8.5}$$

$$\boldsymbol{A}_2=(0.4,0.3,0.3) \tag{8.6}$$

计算得出的是各指标相对于其上一层次指标的相对重要性权重值。

评估指标权重确定的基本依据:

(1)装备质量与效益和产业链综合经济效益在综合评估过程中占有同等重要的地位,忽视任何一方对产业链效能评估都有失偏颇。

(2)装备质量与效益的决定权在用户(军方),而不在研制、生产单位,只有用户满意及用户价值最大化的产品才是真正高质量、高效益的产品。

(3)产业链既追求自身经济效益,更要统筹兼顾国民经济发展和国防建设等整个社会、军事综合效益。

8.3 综合评估

选取武器装备产业有关技术、经济、管理、价格、法律等各方面的军地专家,主要采用问卷调查的方式,对评价指标体系中的第二层各指标进行评估。

通过对调查所得数据的整理、统计,即得到单因素模糊评判矩阵。

$$\boldsymbol{R}_i=\begin{bmatrix} r_{i11} & r_{i12} & \cdots & r_{i1n} \\ r_{i21} & r_{i22} & \cdots & r_{i2n} \\ \vdots & \vdots & & \vdots \\ r_{im1} & r_{im2} & \cdots & r_{imn} \end{bmatrix}(i=1,2) \tag{8.7}$$

式中:m 为评估指标集 u_i 中元素的个数;n 为评语集 v 中元素的个数。

由式(8.4)、式(8.5)、式(8.6)给出的权重,以及式(8.7)的单因素模糊评判矩阵,进行如下综合评估:

$$
\begin{aligned}
&\boldsymbol{B}_i=\boldsymbol{A}_i\circ\boldsymbol{R}_i\quad(i=1,2)\\
&\boldsymbol{R}=\begin{bmatrix}\boldsymbol{B}_1\\\boldsymbol{B}_2\end{bmatrix}\\
&\boldsymbol{B}=\boldsymbol{A}\circ\boldsymbol{R}=\boldsymbol{A}\circ\begin{bmatrix}\boldsymbol{B}_1\\\boldsymbol{B}_2\end{bmatrix}=\boldsymbol{A}\circ\begin{bmatrix}\boldsymbol{A}_1\circ\boldsymbol{R}_1\\\boldsymbol{A}_2\circ\boldsymbol{R}_2\end{bmatrix}
\end{aligned}
\tag{8.8}
$$

式中:符号“∘”表示广义的合成运算。

8.4 应用分析

假设对某装备产业链效能进行综合评估,选取 20 名军地有关专家,以问卷调查的形式评估图 8-1 所示综合评估指标体系的第二层指标。通过对调查表的回收、效度分析、整理和统计,得到统计表如表 8-1 所示。

表 8-1　某装备产业链运行效能单因素评估调查结果统计表

指 标	非常满意	比较满意	一般	不太满意	很不满意
战术性能	2	6	8	4	0
可靠性	1	5	12	2	0
技术先进性	3	8	6	3	0
维修性	0	4	12	4	0
保障性	0	3	10	6	1
安全性	3	6	8	2	1
环境适应性	0	3	11	6	0
寿命	0	2	10	7	1
经济性	0	3	9	6	2
产业链利润增长率	0	5	7	8	0
产业链直接经济效益	2	9	8	1	0
产业链间接经济效益	1	4	13	2	0

根据表 8-1,构造综合评判矩阵为

$$
\boldsymbol{R}_1=\begin{bmatrix}
0.1 & 0.3 & 0.4 & 0.2 & 0\\
0.05 & 0.25 & 0.6 & 0.1 & 0\\
0.15 & 0.4 & 0.3 & 0.15 & 0\\
0 & 0.2 & 0.6 & 0.2 & 0\\
0 & 0.15 & 0.5 & 0.3 & 0.05\\
0.15 & 0.3 & 0.4 & 0.1 & 0.05\\
0 & 0.15 & 0.55 & 0.3 & 0\\
0 & 0.1 & 0.5 & 0.35 & 0.05\\
0 & 0.15 & 0.45 & 0.3 & 0.1
\end{bmatrix}
$$

$$R_2 = \begin{bmatrix} 0 & 0.25 & 0.35 & 0.4 & 0 \\ 0.1 & 0.45 & 0.4 & 0.05 & 0 \\ 0.05 & 0.2 & 0.65 & 0.1 & 0 \end{bmatrix}$$

由 $\boldsymbol{A}_1 = (0.15, 0.15, 0.10, 0.10, 0.15, 0.10, 0.10, 0.05, 0.10)$ 可以得到“装备质量与效益”的评价向量：

$$\boldsymbol{B}_1 = \boldsymbol{A}_1 \circ \boldsymbol{R}_1 = (0.0525, 0.2300, 0.4800, 0.2125, 0.0250)$$

由 $\boldsymbol{A}_2 = (0.4, 0.3, 0.3)$ 可以得到“产业链综合经济效益”的评价向量：

$$\boldsymbol{B}_2 = \boldsymbol{A}_2 \circ \boldsymbol{R}_2 = (0.0450, 0.2950, 0.4550, 0.2050, 0)$$

由 $\boldsymbol{A} = (0.5, 0.5)$ 可以得到“装备产业链运行效能”的综合评价向量：

$$\boldsymbol{B} = \boldsymbol{A} \circ \boldsymbol{R} = (0.0488, 0.2625, 0.4675, 0.2088, 0.0125)$$

根据最大隶属度原则（相关计算属于一般性计算过程，在此不做赘述），该产业链的效能属于一般水平。

通过上述应用分析可见，该评估方法具有科学、简洁、可操作性强等特点，针对装备产业链相对宏观、评估指标模糊的特点进行分析具有较好的实用性。

参考文献

[1] 白凤凯,方家银.军事装备采办管理[M].北京:兵器工业出版社,2005.

[2] 吕建伟,陈霖,郭庆华.武器装备研制的风险分析与风险管理[M].北京:国防工业出版社,2009.

[3] 庚莉萍.铝土矿、氧化铝和电解铝产业链中市场变化及利润流向[J].中国金属通报,2007,4: 12-14.

[4] 罗非.基于交易成本的我国钢铁产业链分析[J].科技和产业,2009,7(9): 30.

[5] 华赍,熊标.加速开发中国LNG汽车产业链[J].中外能源,2007,12: 12-15.

[6] 王晓媛.湖南发展延伸盐(氟)化工产业链[J].信息动态,2009,10: 48-52.

[7] 尹琦,朴赫夫,刘秉钺.纸业生态产业链设计:由传统造纸工业向生态化纸业的转移[J].环境科学,2003,3(24): 140-144.

[8] 刘绍伟,李凤菊.推进传统农业"生态化"转型:农业生态产业链网构建研究[J].天津农业科学,2011,3(17): 81-84.

[9] 尹琦,肖正扬.生态产业链的概念与应用[J].环境科学,2002,6(23): 114-118.

[10] 刘霞路.霍林河煤电集团有限责任公司产业链向下游延伸[J].轻合金加工技术,2009,6(37): 57-60.

[11] 李华,郑峰.南京化学展轮胎产业链[J].橡胶工业,2004,9: 537-540.

[12] 王凯.中国农业产业链的组织形式研究[J].现代经济探讨,2004,11: 28-32.

[13] 韩纪琴,王凯.南京市蔬菜产业链发展的现状、问题与对策[J].农业技术经济,2001,2: 51-54.

[14] 王凯,罗英姿,李明,等.加入世贸组织与我国棉花产业链的发展[J].现代经济探讨,2001,12: 13-15.

[15] 赵绪福,王雅鹏.农业产业链的增值效应与拓展优化[J].中南民族大学学报(人文社会科学版),2004,4(24): 107-109.

[16] 赵绪福,王雅鹏.基于产业链长短的粮棉比较分析[J].武汉科技学院学报,2004,3(17): 81-85.

[17] 赵建军,陈萍."十一五"期间湖南省电子信息产业链构建研究[J].湖南广播电视大学学报,2005,4: 54-58.

[18] 宋江飞,张劲松.产业集群升级中的路径依赖与聚变效应契合分析:以广西北部湾经济区电子信息产业为例[J].广西社会科学,2010,8: 22-25.

[19] 杜惠平,杜和平,赵为粮.电子信息产品制造业产业链分析[J].重庆邮电学院学报(社会科学版),2002,3(4): 9-12.

[20] 卢明华,李国平,杨小兵.从产业链角度论中国电子信息产业发展[J].中国科技论坛,2004,4: 18-22.

[21] 吴元兴,曾国宁.福建产业链、群的成长与对策思路[J].发展研究,2004,3: 8-11.

[22] 于立宏,郁义鸿.美国煤电产业链纵向关系实证研究综述[J].煤炭经济研究,2006,4: 28-33.

[23] 徐维祥,楼杏丹,余建形.高新技术产业集群资源整合提升区域创新系统竞争能力的对策研究[J].中国软科学,2005,4: 87-90.

[24] 袁永科,蒋国瑞.我国制造业产业链的优化与政府规制研究[J].经济纵横,2006,3: 37-38.

[25] 龚勤林,迟梦筠.构建区域产业链统筹城乡发展研究述评[J].生产力研究, 2008,3(21): 173-176.

[26] 张铁男,罗晓梅.产业链分析及战略环节的确定研究[J].工业技术经济,2005,6(24): 77-78.

[27] 李丹,郑志安.产业链主导产品评价模型的构建及其应用[J].商场现代化,2005,6(30): 145-146.

[28] 龚勤林.论产业链延伸与统筹区域发展[J].理论探讨,2004,3: 62-63.

[29] 张涛,孙林岩.供应链不确定性管理:技术与策略[M].北京:清华大学出版社,2005.

[30] 中国国防科技信息中心.美国联邦采办条例[S]. 1988,6.

[31] 中国国防科技信息中心.国防采办词典[M].北京:国防工业出版社,2011.

[32] 魏刚,陈浩光.武器装备采办制度概论[M].北京:国防工业出版社,2008.

[33] 刘成.供应链不确定因素对合作关系的影响研究[D].杭州:浙江大学,2007.

[34] 刘国庆.基于供应链的军队航材库存管理研究[D].武汉:武汉理工大学,2006.

[35] 周雨,包辛.军事供应链管理模式构建研究[J].军事运筹与系统工程,2009,3:24-29.

[36] 杜家兴,李庆全.基于供应链管理理论的器材保障研究[J].物流科技,2004,1:57-59.

[37] 沈建明,白思俊.国防高科技项目管理概论[M].北京:机械工业出版社,2004.

[38] 焦红,任学峰,魏爱国.基于感知与响应的柔性军事供应链:美军最新供应链理论解读之一[J].物流技术,2007,8:62-65.

[39] 龚勤林.论产业链构建与城乡统筹发展[J].经济学家,2004,3: 121-123.

[40] 周新生.产业链与产业链打造[J].广东社会科学,2006,4: 30-36.

[41] 赵绪福.产业链视角下中国农业纺织原料发展研究[M].武汉:武汉大学出版社,2006.

[42] 蒋国俊,蒋明新.产业链理论及其稳定机制研究[J].重庆大学学报(社会科学版),2004,10(1): 36-38.

[43] 李心芹,李仕明,兰永.产业链结构类型研究[J].电子科技大学学报(社科版),2004,6(4): 60-63.

[44] 刘贵富,赵英才.产业链:内涵、特性及其表现形式[J].财经理论与实践,2006,3(27): 114-117.

[45] 李万立.旅游产业链与中国旅游业竞争力[J].经济师,2005,3: 123-124.

[46] 卜庆军,古赞歌,孙春晓.基于企业核心竞争力的产业链整合模式研究[J].企业经济,2006,2: 59-61.

[47] 芮明杰,刘明宇.产业链整合理论述评[J].产业经济研究,2006,4: 30-36.

[48] 汪先永,刘冬,贺灿飞,等.北京产业链与产业结构调整研究[J].北京工商大学学报(社会科学版),2006,3(21): 16-21.

[49] 赵吉敏,王丰,王金梅.军事供应链可靠性管理研究综述[J].物流技术,2008,5:125-129.

[50] 邹昭晞.论企业资源与能力分析的三个纵向链条:价值链、供应链与产业链[J].首都经济贸易大学学报,2006,9: 78-79.

[51] 周路明.关注高科技“产业链”[J].深圳特区科技,2010,11: 10-11.

[52] 贺轩,员智凯.高新技术产业价值链及其评价指标[J].西安邮电学院学报,2006,3(11): 83-86.

[53] Power D. Supply chain management integration and implementation: A literature review [D]. Melbourne: The University of Melbourne, 1985.

[54] 吴金明,张磐,赵曾琪.产业链、产业配套半径与企业自生能力[J].中国工业经济,2005,2: 36-38.

[55] 刘刚.基于产业链的知识转移与创新结构研究[J].商业经济与管理,2005,11: 11-13.

[56] 陈朝隆.区域产业链构建研究[D].广州:中山大学,2007.

[57] 杨宇昕.从产业价值链看中国汽车零部件企业发展战略[D].武汉:武汉科技大学,2004.

[58] 李力,陈宏,王进发.基于模糊层次分析法的军品供应商选择体系研究[J].管理学报,2007,1:40-47.

[59] Porter M E. Competitive advantage [M]. New York: Free Press, 1985.

[60] 曾铮,张亚斌.价值链的经济学分析及其政策借鉴[J].中国工业经济,2005,5: 104-111.

[61] 刘长江,黄建祥.基于价值链基础上企业竞争优势的构建[J].中小企业科技,2007,5: 15-16.

[62] Stevens G C. Integrating the supply chain [J]. International Journal of Physical Distribution & Materials Management,

1989, 19(8): 3–8.

[63] 崔兴文,张成君. ERP 和 CRM 整合的供需链思想[J]. 黑龙江科技信息,2009,6: 134.

[64] 林世奇. 试论供需链成本均衡和优化[J]. 淮南职业技术学院学报,2006,2(6): 41–44.

[65] 刘丽文. 企业供需链中的合作伙伴关系问题[J]. 计算机集成制造系 -CIMS,2001,8: 27–32.

[66] 逄元魁. 基于企业生命体理论的企业持续成长研究[D]. 济南:山东大学,2006.

[67] 王洋,刘志迎. 基于产业链上下游企业"链合创新"的博弈关系分析[J]. 工业技术经济,2010,5(29): 67–70.

[68] 唐静,唐浩. 产业链的空间关联与区域产业布局优化[J]. 时代经贸,2010,7: 26–27.

[69] 龚勤林. 产业链空间分布及其理论阐释[J]. 生产力研究,2007,8(16): 106–107.

[70] Markusen A. Sticky places in slippery space: a typology of industrial districts [J]. Economic Geography, 1996, 7(72): 56–59.

[71] 杨加猛,张智光. 论林业产业链的多维拓展思路[J]. 安徽农业科学,2010,8(20): 38–39.

[72] Svensson G. Consumer driven and bi-directional value chain diffusion models[J]. European Business Review, 2003,(6): 1–3.

[73] Peppard J, Rylander A. From value chain to value network: Insights for mobile operators [J]. European Management Journal, 2006, 24(2): 128–141.

[74] 郭承龙,郭伟伟,郑丽丽. 林业产业链的形成机制探析[J]. 林业经济问题,2009,29(1): 57–58.

[75] Sturgeon T. Modular production network: A new American model of industrial organization [J]. Industrial and Corporate Change, 2002, 3:92–97.

[76] Lee C C, Yang J. Knowledge value chain [J]. Journal of Management Development, 2000,(9): 783–793.

[77] 郑国光. 汽车产业纵向一体化与拆分研究[J]. 科技管理研究,2007,27(8): 198–199.

[78] Zhang Ding. A network economic model for supply chain versus supply chain competition [J]. The International Journal of Management Science, 2006, 34: 284–295.

[79] Barnes S J. The mobile commerce value chain: Analysis and future development[J]. International Journal of Information Management, 2002, 22(2): 91–108.

[80] 张延峰,刘益. 战略联盟价值创造与分配分析[J]. 管理工程学报,2003,2: 20–22.

[81] Rakesh N, Mahendra G, Chakravarthi N. Customer profitability in a supply chain[J]. Journal of Marketing, 2001, 65: 1–3.

[82] Harrison A, New C. The role of coherent supply chain strategy and performance management in achieving competitive advantage: An international survey [J]. Journal of Operational Research Society, 2002, 53(3): 267–268.

[83] Charles J C, Xavier D G. A supplier's optimal quantity discount policy under asymmetric Information [J]. Management Science, 2000, 46(3): 444–446.

[84] Maschler M, Peleg B, Shapley L S. Geometric properties of the kernel, nucleohs, and related solution concepts [J]. Mathematics of Operational Research, 1979,(4): 303–338.

[85] Gerefll G, Sturgeon T. The governance of global value chains [J]. Review of International Political Economy, 2005, 12 (1): 78–104.

[86] Chesbrough H. Open innovation: The new imperative for creating and profiting from technology [M]. Boston, MA: Harvard Business School Press, 2003.

[87] Jeffrey H. Dyer, Harbir Singh. The relational view: Cooperative strategy and sources of interorganizational competitive advantage [J]. Academy of Management Review, 1998, 23(4): 660–679.

[88] Basker E, Van P H. Imports 'Я' us: Retail chains as platforms for developing-country imports [J]. American Economic Review (Papers and Proceedings), 2010, 100(2): 414–418.

[89] Sawers J L, Pretorius M W, Oerlemans L A G. Safeguarding SMEs dynamic capabilities in technology innovative SME-large company partnerships in South Africa [J]. Technovation, 2008, 28(4): 171–182.

[90] 胡晓峰.国有军工企业改革任重道远[N].学习时报,2005-10-17: 10.

[91] 吴金明,邵昶.产业链形成机制研究:"4 + 4 + 4"模型[J].中国工业积经济,2006,4: 36–43.

[92] 彭祖赠,孙韫玉.模糊数学及其应用[M].武汉:武汉大学出版社,2001.

[93] Marshall A. Principles of economics [M]. London: MacMillan, 1920.

[94] Hirschman A O. The Strategy of economic development [M]. New Haven, Connecticut: Yale University Press, 1958.

[95] Fiol C M, Lyles M A. Organizational learning [J]. The Academy of Management Review, 1985, 10(4): 803–813.

[96] Dodgson M. Organizational learning: A review of some literature [J]. Organizational Studies, 1993, 14(3): 375–394.

[97] Huber G P. Organizational learning: The contributing processes and the literatures [J]. Organization Science, 1991, 2(1): 88 - 115.

[97] 邹辉霞.供应链协同管理:理论与方法[M].北京:北京大学出版社,2007.

[98] 柳键,马士华.供应链库存协调与优化模型研究[J].管理科学学报,2004,8:1–8.

[99] 付蓬勃,吕永波,任远,等.供应链协同管理模式下的信息共享机制研究[J].物流技术,2007,6:88–90.

[100] 季爱华,雷勋平.供应链企业激励机制的构建[J].物流技术,2005,9:135–137.

[101] 范林根.基于契约合作的供应链协调机制[M].上海:上海财经大学出版社,2007.

[102] 谢海滨.供应链"牛鞭效应"[J].中国民营科技与经济,2008,6:58–59.

[103] 马士华,林勇.供应链管理[M].北京:机械工业出版社,2006.

[104] 于海江,张志亮.供应链系统的复杂适应性研究[J].物流技术,2007,4:62–65.

[105] 赵先德,谢金星.现代供应链管理的几个基本概念[J].南开管理评论,1999,2(1):62–66.

[106] 张存禄,黄培清.供应链风险管理[M].北京:清华大学出版社,2007.

[107] 王进发,李励.军事供应链管理:支持军事行动的科学与艺术[M].北京:国防大学出版社,2004.

[108] 白世贞,王文利.供应链复杂系统资源流建模与仿真[M].北京:科学出版社,2008.

[109] 周源泉,翁朝曦.可靠性评定[M].北京:科学出版社,1990.

[110] 陆廷孝,郑鹏洲.可靠性设计与分析[M].北京:国防工业出版社,2000.

[111] 沈祖培,黄祥瑞.GO法原理及应用[M].北京:清华大学出版社,2004.

后　记

装备产业链是从事装备产业经济活动的地方承制方及军方之间由于分工、角色不同，围绕上、中、下游装备及其配套产品、服务而形成的经济、技术、管理关联体。它将军队内部与军队外部各种装备保障力量和保障资源整合在一起，通过装备产业链上各个成员的协同运行，实现“无缝”衔接，充分发挥各成员主体的最大功能，使整个装备产业链形成有机整体，最终实现提高装备保障效能的目标。

本书系统阐述了装备产业链的内涵、特性、结构及其优化、形成机理与传导机制等基本理论，构建了装备产业链模型，对装备产业链不确定性、协同、可靠性、效能评估进行了系统深入的研究，提出了一些新观点和新方法。装备产业链理论博大精深、实践与时俱进，本书仅对这几个方面的问题进行了探讨，希望对装备产业链进一步研究与实践有所启发。

本书主要由陈桂明、杜荔红、王炜、高成强负责研究、撰写、统稿和最终审定，魏增基、石路、张逸伦、张小晓等参与了其中部分内容的研究、撰写和修改。本书的研究、写作和出版，得到了国家社会科学基金项目（11GJ003-091）和火箭军工程大学的资助。在研究过程中参考了许多相关资料和文献，大部分列入了参考文献中，可能有部分没有列入参考文献，在此对这些文献作者表示衷心感谢。由于本书作者水平有限，难免存在遗漏、不妥甚至错误之处，敬请读者谅解和不吝赐教。

作　者

2024 年 9 月